JN099122

スッキリ！がってん！ 雷サージの本

株式会社サンコーシヤ［著］

電気書院

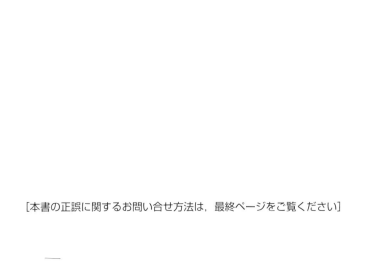

はじめに

　落雷というと「ピカッ，ゴロゴロ，ドーン」というようなイメージをもっている方が多いのではないだろうか．かつては，落雷で長時間停電することも多々あったが，最近は，電灯が一瞬ちらつくことがあっても停電することはほぼなくなった．これは，先人の方々の努力の成果といえる．最近では情報の高度化が進むにつれ，落雷によってパソコンを含めた一般住宅の家電製品やオフィス機器，さらに携帯電話基地局の通信設備，鉄道の信号設備など，電源と通信線の双方につながれる電気・電子機器での被害が増えてきている．これらは，落雷によって発生する雷サージが原因である．

　近年は新聞等でIoT（Internet of Things）という言葉がよく聞かれる．IoTを支える電気・電子機器の低電圧化や電源，通信，情報のための配線のネットワーク化が雷害の起因となっていることが多くなってきている．雷サージの対策を行うためには，雷サージによる過電圧をSPD（サージ防護デバイス）や耐雷トランス等で抑制することが基本となるが，その対策は広範囲に及ぶ．本書では，まず第1章で雷サージを発生させる雷はどのように発生するのかということを記載する．対策を行うには現象の把握が必要であり，落雷とはどういうものか，雷サージとはどういうものかということを観測する手法について記載する．第2章では雷サージの基礎として原理やメカニズムについて記載する．また，最近では雷サージの様相をシミュレーションによって把握することができるようになってきた．このことについても簡単に触れる．第3章では，JIS等の規格に基づいた，雷サージの対策方法を記載した後，実際の対策方法の実例

を示す.

　今回，電気書院様の「スッキリ！　がってん!」シリーズで雷サージに関する基礎知識をわかりやすく読者に届けたいという思いに共感し，本書の執筆をお受けすることとなった．できるだけわかりやすく記述したつもりではあるが，多少，専門的な箇所があることをご容赦いただきたい．

　本書が，少しでも読者の雷サージに対する理解の一助となれば幸いである．

2020年7月　著者代表者記す

目　次

① 雷サージってなあに

② 雷サージの基礎

雷サージ対策

① 雷サージってなあに

1.1 雷ってどうやって起こるの

(i) 雷の発生過程について

　夏に発生する雷は，どのように発生するのかを説明すると，次のようになる．太陽の日射によって地面が温められ，地表付近の湿潤な大気も暖められる．暖められた大気は，膨張するため，付近の大気よりも密度が低くなり，重さが軽くなるため，地表から上空に向かって上昇する．この湿潤な空気の塊が上昇するに従い，周辺の大気温度が下がるため，水蒸気が飽和状態になる．さらに，上空で水蒸気が冷却され，結露して水滴となったのちに氷晶となる．また，一部の水蒸気は昇華（気体から液体にならないで固体になること）して氷晶になるものもある．いずれにしろ，氷晶は上昇気流に乗り，さらに上空へ上昇し，氷晶よりも重く大きなあられまで成長する．あられは重いため，上昇気流では支えきれず，重力の作用でやがて落下を始める．このとき，上昇してくる氷晶とあられが衝突を繰り返し，大気の温度が −10 ℃付近となる層（−10 ℃高度）で，重いあられが負に帯電し，軽い氷晶が正に帯電する．

　雷の発生原理は，上記の説明が現在において最も理にかなっているといわれている．これを「着氷電荷分離機構説」といい，日本人の高橋劭博士（当時ハワイ大学）が提唱した．図1・1は，高橋博士によって，実験室内で得られたあられに分離される電荷符号と，そ

1 雷サージってなあに

のときの雲水量と気温の関係を示している[1]．図1・1のグレーの部分が負に帯電した範囲を，それ以外は正に帯電している範囲を示している．図1・1のグレーの雲水量にあたる部分が，あられの重さにあたる部分である．この考え方に従えば，上昇気流によって軽い氷晶は，−10 ℃高度よりも高い高度に押し上げられ，さらに上空において，低密度で広範囲に分布する正電荷の層をつくり上げる．

　図1・1では，あられがさらに降下して−10 ℃高度よりも低い高度まで降下すると正に帯電することを示している．実際の雷雲の電荷の分布においても，図1・2に示しているように，0 ℃高度付近に正の電荷，−10 ℃高度付近に負の電荷，−20 ℃高度以上の高度

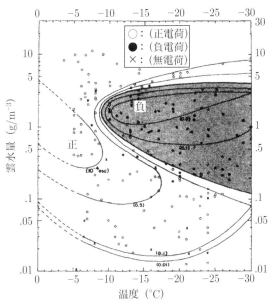

図1・1　あられと氷晶の衝突によってあられに分離される電荷符号[1]

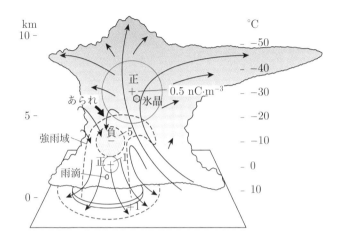

図1・2 雷雲中の電荷分布のモデル[2]

で正の電荷が分布している.

(ii) 雷現象

(1) 雷の極性と種類

雷は,雲内の電荷を中和（正と負が打ち消し合う）するために発生する.前述したとおり雲内には負電荷と正電荷が存在する.そのため,負の電荷を中和する雷を負極性雷,正の電荷を中和する雷を正極性雷と呼んでいる.雲内の電荷を中和するために雷が発生するため,雲内の正電荷と負電荷が短絡して雲内もしくは雲間で放電が発生する.これらの雷放電を雲放電と呼ぶ.雲放電は,自然界で発生する雷の約80％を占めるといわれているが,地上における人命や社会インフラ設備に影響を与えることがほとんどないため本書では,詳しい解説を割愛させていただく.雲放電以外の,雷雲と大地間で発生する放電を大地雷（対地雷と書くこともある）と呼ぶ.夏季では,

1 雷サージってなあに

　雷は雷雲から大地に向かって下向きにリーダ（放電路）が進展することが多い．また，冬季では，高い建築物から雲に向かって放電が上向きに進展することが多くみられる．この上向きに放電が進展する雷をトリガード雷と呼ぶこともある．図1・3に示すように，雷は極性と放電の進展方向の組合せによって4種類に分類することができる．

⑵　雷の進展過程

　自然界で発生する大地雷の大部分が，図1・3に示す「下向き負極性落雷」である．そのため，ここでは「下向き負極性落雷」の進展過程を図1・4に示して説明する．1気圧の大気中では，およそ3×10^6 V/mを超す電界強度に達したときに，大気の絶縁破壊が始まる．下向き負極性落雷は，雲内の電荷周辺での絶縁破壊から始まる．これは図1・4のプレリミナリ・ブレイクダウン（Preliminary breakdown）の過程になる．プレリミナリ・ブレイクダウンは，本

下向き負極性落雷　　下向き正極性落雷

上向き負極性落雷　　上向き正極性落雷

図1・3　雷の分類[3]

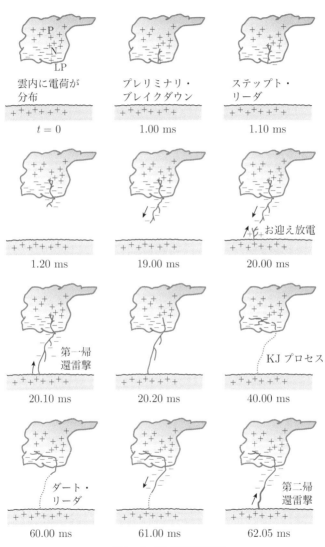

図1・4 雷の進展過程[4]

1 雷サージってなあに

書では1.2項に示す落雷位置標定システム（LLS: Lightning Location System）でも雲放電として検知されることがある．次に，ステップト・リーダ（Stepped leader）といって雲底から大地に向かって，階段状に放電路が進展する．このときの進展速度は10^5 m/sであり，$20\sim50$ μsの間隔で，断続的に放電が進展する．ステップ・リーダの放電が1ステップで進展する距離は約50 mである．

　ただし，この進展速度や1ステップの進展距離は，ステップト・リーダに続く第一帰還雷撃（First return stroke）の電流波高値によって変化するともいわれている[5]．ステップト・リーダの先端が大地に接近すると大地からステップト・リーダの先端に向かって「お迎え放電」（Attachment process）が進展する．このとき，ステップト・リーダの先端と落雷点（お迎え放電の進展が始まった点）との距離を雷撃距離[6]といい，本書では3.2項に示す外部雷保護システムによる保護範囲を決める重要な指標になっている．お迎え放電とステップト・リーダが結合すると，第一帰還雷撃が発生する．帰還雷撃とは，大地から雲内の電荷に向かって，電荷が移動し，雲内の電荷と地上の電荷が電気的に短絡する現象である．このときの電荷の移動速度は光速（3×10^8 m/s）の半分程度であるといわれている．さらに，このときに，数百A〜300 kAの電流が流れ，放電路の温度も1 μs程度の間に20 000〜30 000 K（ケルビン）まで上昇する．帰還雷撃が発生したときに，雷放電は，最も強い閃光を発し，電流波高値も極大に達する．しかしながら，第一帰還雷撃によって大地から雲内に電荷が移動しても，雲内の電荷が中和しないときがある．この場合，放電路には引き続き微弱な電流が流れ続ける．これを連続電流（Continuing current）という．放電路の先端が，雲内の電荷を求めて放電路が進展し電荷と結合することがある．このときに小規模な

帰還雷撃が発生する．これを KJ プロセス（K and J process）と呼ぶ．その後，雲内で中和されなかった電荷を中和するために，同じ放電路をダート・リーダ（Dart leader）と呼ばれる，雲から大地に向かって電荷の移動がある．ダート・リーダは，既存の放電路が高温で導電率が高い状態にあるため，ステップト・リーダと違い断続的に進展するのではなく，放電路を 10^7 m/s の速度で進み，大地の電荷と結合すると，第二帰還雷撃（Second return stroke）が発生する．夏の雷では，同じ落雷のなかで，後続帰還雷撃が，数回～10回以上発生する．このような落雷を多重雷と呼ぶことがある．各雷撃間の間隔は，数十 ms であることが多い．また，後続帰還雷撃の電流波高値は，第一帰還雷撃よりも，ほとんどの場合小さくなる．

(c) 多重雷と多地点雷

　多重雷とは，1回の落雷中に複数回の帰還雷撃が発生する落雷である．図1・5に，全国雷観測ネットワーク（JLDN : Japanese Lightning Detection Network）によって，同じ落雷中に12回の帰還雷撃が発生したときの電界波形を示す．図1・5が示すように，電流波高値は，第一帰還雷撃が一番大きいが，後続帰還雷撃の電流波高値の大きさは，雷撃の発生の順番とは関係ないことがわかる．落

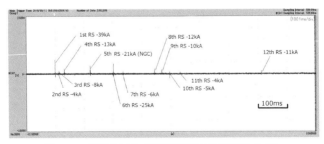

図1・5　多重雷の例（帰還雷撃が12回発生した例）

1 雷サージってなあに

雷の約50 ％が主放電路から分岐して新たな放電路を生成し，主放電路の着雷点とは異なる地点に落雷するといわれている．各着雷点間の距離は，数十m〜8 kmほどである．このような落雷を多地点雷（Multiple ground contact）と呼ぶことがある．JLDNの観測の結果によると，図1・5に示す落雷は，図1・6に示すとおり，4か所の着雷点をもつ多地点雷であることがわかった．後続帰還雷撃のなかで，電流波高値の大きさが必ずしも順番どおりにならない原因は，新たな放電路を生成し，新しい着雷点に落雷したときの帰還雷撃は，第一帰還雷撃と同じような性質をもつことから，ほかの後続帰還雷撃よりも電流波高値が大きくなるためといわれている[7]．

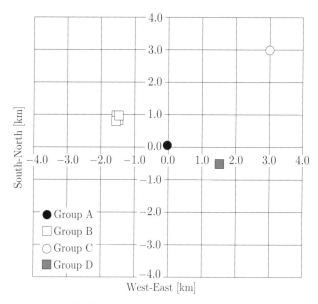

図1・6　多地点雷の例（図1・5に示す雷撃の着雷点分布）

（iii）雷の種類

　雷の発生条件は前項で述べたように上昇気流，下層の水蒸気と上空の寒気であるが，発生する成因から一般的に熱雷（気団雷），界雷（前線雷），渦雷に分けられる．

⑴　熱雷（気団雷）

　熱雷は，太陽の強い日射により地表面が熱せられるとともに周辺の空気が暖められ，急速に水蒸気が上昇し雷雲が発達して生じる．特に，夏季の日本は高温多湿の太平洋高気圧に覆われることが多いため，内陸では日射効果等により雷の発生条件が整いやすい状況にある．また，熱雷は太平洋高気圧のような同一の気団の中で生じる雷で気団雷とも呼ばれる．

　特徴としては，局地的に発生し，雷の持続時間も30分〜1時間半程度と短い傾向にある．事例としては，図1・7のように東日本から西日本まで，太平洋高気圧に広く覆われて最高気温が30 ℃以上

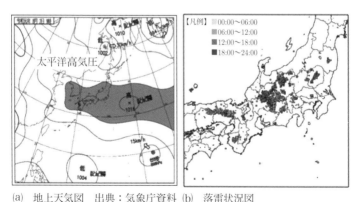

　(a)　地上天気図　　出典：気象庁資料　(b)　落雷状況図

　　　　　　　　　　　　　　　出典：フランクリン・ジャパン資料

図1・7　地上天気図と落雷状況図（2019年8月2日）

1　雷サージってなあに

の真夏日となり，午後になって山間部や内陸部で大気の不安定な状態となって雷雲が発生したことで，長野と岐阜の両県で1 000回以上の落雷数を記録した．

　また，日射による加熱と日変化する海陸風や山谷風といった局地循環における風の収束によって雷雲に発達することがある[8]．

　夕立は山間部で発生した雷雲が，新しい雷雲をつくりながら平野部や川沿いに進み，にわか雨や雷雨となる現象である．

(2)　界雷（前線雷）

　界雷は，寒冷前線や温暖前線の付近で発生する雷雲によって生じる．特に，寒冷前線では重い寒気が軽い暖気の下部に潜り込むことにより，暖気を強制的に押し上げるため急激な上昇気流とともに雷雲が発達する．

　前線活動が活発な場合は，前線の移動に伴って雷の発生域が進行方向に移動するとともに局地的に激しい雨を伴うことが多い．

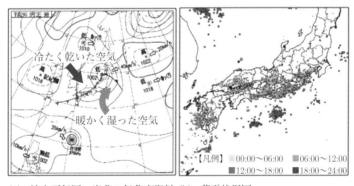

(a)　地上天気図　出典：気象庁資料　(b)　落雷状況図

出典：フランクリン・ジャパン資料

図1・8　地上天気図と落雷状況図（2017年9月12日）

図1・8の事例では，日本海の低気圧の中心から寒冷前線が延び，前線に向かって南から暖かく湿った空気が流れ込むとともに低気圧後面から寒気が流入したため，西日本から東日本の太平洋側を中心に雷が観測された．本事例では，高知県魚梁瀬で1時間に82.5 mmの雨を記録した．また，界雷と熱雷が複合した雷を熱界雷と呼び，熱雷の場合は単一セルがほとんどだが，熱界雷の場合はマルチセルとなるため，前線近傍で発生する線状降水帯とともに広い範囲で持続時間の長い現象となる傾向がある．なお，上昇流や下降流で構成された空気塊（雷雲）の単位をセルと呼ぶ．

⑶ 渦雷

渦雷は，低気圧や台風の中心に向かって周辺から風が流れ込むことで，上昇気流が強まり雷雲が生じる．また，渦雷は低気圧性雷とも呼ばれる．周辺の気温が高い場合は，持続時間が長くなるとともに低気圧の移動速度が速くなり雷の発生地域も急速に広がる．このため界雷の特徴に似ている面がある．

一方，上空に強い寒気を伴った低気圧によっても生じる．この場合は，上層天気図において寒冷渦や低気圧が確認されるが，地上天気図では低気圧が不明瞭となる場合が多い．

図1・9は，寒気を伴った低気圧（1 002 hPa）が東北地方を通過したことにより，北日本から西日本にかけて一時的に−24 ℃以下の寒気（上空約5 500 m）が流入し，日中の日差しによる気温の上昇も加わって全国的に大気の状態が不安定となり広範囲で落雷が観測された事例である．

⑷ その他の雷

火山の噴火で吹き上がる水蒸気や火山灰・岩などの摩擦電気によって生じるものを火山雷と呼ぶ．火山雷の範囲は，噴火した火山

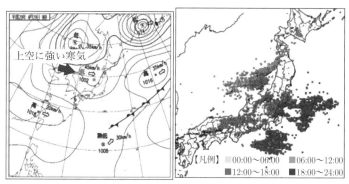

(a) 地上天気図　出典：気象庁資料 (b) 落雷状況図
出典：フランクリン・ジャパン資料

図1・9　地上天気図と落雷状況図（2017年4月29日）

周辺域にとどまる．また，大規模な火災によって火花放電が生じる火事雷などもある[9]．

　なお，冬季の日本海沿岸で発生する雷については，次項で述べる．

(ⅳ) 落雷密度マップにおける特徴

(1)　夏季雷（夏の雷）

　日本とその周辺部の年間の平均落雷密度を図1・10(a)に示す．年間の平均落雷密度は，北関東，中部，中国，九州地方の山間部が高くなっている．この落雷の多くは，内陸で発生する熱雷である．日本とその周辺で発生する落雷数は，年間約300万回に達する年もある．

　図1・11に示す月別の落雷数を見ると夏季（6月〜9月）に80％以上発生している．特に，8月の月平均落雷数は，80万回近く発生し年間の最多月となる．

(2)　冬季雷（冬の雷）

　一方，図1・10(b)は，落雷密度の高い地域が青森県から鳥取県の

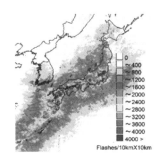

(a) 年間の平均落雷密度   (b) 冬季の平均落雷密度

出典：フランクリン・ジャパン資料

図1・10　日本とその周辺の落雷密度（2008年〜2018年の統計）

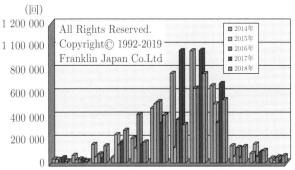

出典：フランクリン・ジャパン資料

図1・11　JLDNが観測した月別の落雷数

日本海沿岸部に広がっており，海岸線から30 km以内に多く発生している．

　図1・11では，冬季（12月〜3月）の月別発生数が20万回を下回っており，特に2月は平均3万回の発生数と年間の最少月であった．

　また，夏の雷のもつ電荷量は数C（クーロン）であるのに対して，

13

1 雷サージってなあに

冬の雷は時にして数百～数千Cに達することがある．これは冬の雷の連続電流の持続時間が，夏の雷が数十～百μs程度に比べ，冬季雷は数ms～数十msと長いことが要因となる．このように非常に大きな電荷量をもつため，冬季雷の被害は夏季雷に比べて壊滅的なものになることが多い傾向にある[10]．

⑶ 冬季雷の成因

冬季雷は，一般の熱雷として扱われることがあるが，北川信一郎氏の調査では冬季雷を移流雷，前線雷，低気圧雷に分類し，そのうち移流雷が58.6 % 発生していたとしている[11]．

この冬季雷の半数以上を占める移流雷の成因は，図1・12に示したように大陸のシベリア寒気団から乾燥した冷たい季節風が，日本海に流れ込んでいる暖流（対馬海流）の上を吹走することにより水蒸気を補給することにある．特に，対馬海流は冬の時期でも水温が10 ℃前後であるのに対し，季節風がもたらす下層の空気は−10 ℃前後であるため，大気の状態が不安定となって雷雲を生じ，この雷雲が移動して日本海沿岸部において落雷をもたらす．このような現象は，世界的に珍しく日本のほかにスカンジナビア半島や五

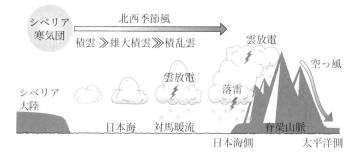

図1・12　冬季雷が発生する原理

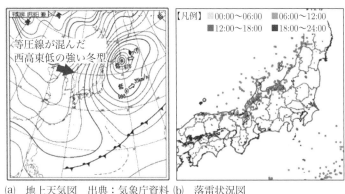

(a) 地上天気図　出典：気象庁資料 (b) 落雷状況図
出典：フランクリン・ジャパン資料

図1・13　地上天気図と落雷状況図（2016年1月20日）

大湖でしか見られない．図1・13は，日本付近が西高東低の冬型の
気圧配置となり，東北地方から山陰地方の日本海沿岸部を中心に雷
が観測された事例である．日本海上空約5 000 mには大雪の目安と
なる−36 ℃の寒気が流入したため，日本海側に加え東海地方でも
雪となり名古屋で積雪となった．

（v）雷日数における特徴

　図1・14はJLDNによる20 kmメッシュの2014〜2018年の5年
間における雷日数の積算値で，東北地方から北陸地方の日本海側と
九州地方の内陸部で120日を超えており，多い状況となっている．
また，理科年表に記載されている気象庁が観測した30年間（1981〜
2010年）の平均月別雷日数では，図1・15に示すとおり熊本で年間
26.6日なのに対して6月〜9月までに19.1日と7割を超えている．
また，宇都宮や岐阜においても落雷日数に多少の差はあるものの，
年間の雷日数における夏季（6月〜9月）の雷日数が占める割合は同

じ傾向にある．

　一方，東北地方から北陸地方の日本海側では，図1・14の積算値が120日を超えている地域が多い．特に，図1・16で示すとおり秋田，新潟，金沢では特に10月〜2月にかけて雷日数が多く60％を占めている．

　また，図1・16に示す冬季の日本海側の地域は，雷日数のピーク月が秋田では11月，新潟，金沢では12月と東北から北陸にかけて南下している．このことは，川上正志氏による日本海側の10月〜2月（1961〜1990年）にかけての月別雷日数のピークの変化を解析した結果でも同様となっている[12]．この原因は，大気の成層状態（−10℃層の高度）や季節風，海面水温などの影響が考えられる．また，北川信一郎氏[13]は，冬季の対流圏の厚さは，夏季に比べ約1/2となるので，雷雲の対流活動がそれだけ弱くなり，上昇気流速度，下降気流速度は夏に比べ著しく低くなる．また冬季の雷雲は，単一セル

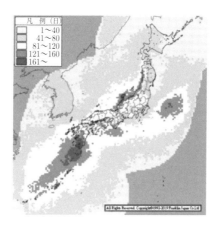

図1・14　雷日数マップ（2014〜2018年の5年間積算値）

か，複合してもその数は2〜3で，セルは線状に並ぶ場合が多い．さらにセル構造が不明確で水平方向に十数kmに広がる雲の雷活動は弱く，一発雷になることが多いとしている．

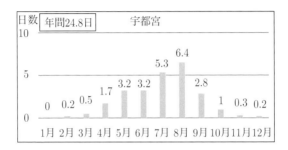

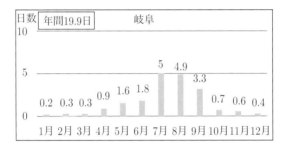

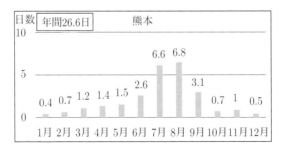

図1・15　平均月別雷日数（1981〜2010年　理科年表）

1 雷サージってなあに

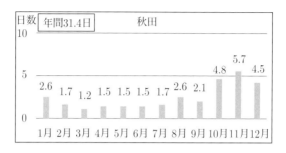

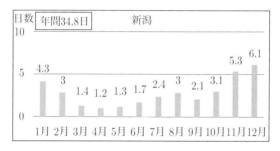

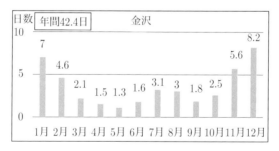

図1・16　平均月別雷日数（1981〜2010年　理科年表）

　次に，杉田明子氏・松井倫弘氏[14]による夏の時刻別落雷頻度を調査した結果が図1・17である.

　この図から7月，8月においては，14時〜18時の時間帯に落雷発

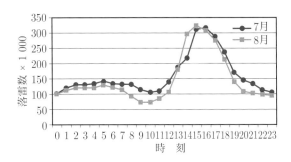

図1・17　全国の夏（7月，8月）の時刻別落雷頻度
（2000～2004年の5年間平均値）[14]

生数が急激に増加し20万回を超え，特に15時，16時にピークを迎えている．一方，図1・18に示すように2000～2004年の11月～2月における日本海側の冬の雷に関する時刻別落雷数の調査では，日本海側の海岸および沿岸部のピークが6時台に2 000回を超えており，日中は減少するものの16時以降は再び高い状況で推移している．しかしながら，山間部においては，日本海側の海岸および沿岸

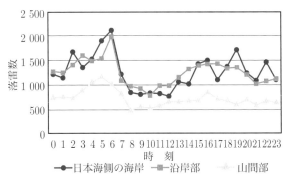

図1・18　日本海側の11月～2月における時刻別落雷数
（2000～2004年の5年間平均値）[14]

部の落雷数よりも少ない．このことは冬季雷が，日本海側の海岸と沿岸では多く発生するが，山間部では，海岸や沿岸部ほど発生しないことを示している[14]．

1.2 雷観測

(i) 雷の観測の必要性とは？

　雷の観測は，送電線や配電線などの電力設備の設計や事故を未然に防止することを目的に従来から行われてきており，特に冬の日本海沿岸で発生する世界的にもまれな現象の冬季雷の観測，研究も盛んに行われてきた．近年は再生可能エネルギーの隆盛により，風力発電などへの雷観測も盛んに行われており，雷によって発生する災害の事前対策や事業効率化のために観測データが使われている．そのため雷の観測は人類社会に必要不可欠な項目として掲げることができるであろう．

(ii) 雷の観測はどうやってするの？

(1) 雷観測システム

　現在，雷の広範囲にわたる観測システムが実用化されている．観測システムは落雷位置標定システムと呼ばれ，世界中に観測システムが存在するが，わが国ではJLDNにより全国の雷の観測を行っている．

　落雷位置標定システムは，雷の落ちた場所と大きさ（電流値）をリアルタイムに出力できるシステムで，図1・19のように，複数の雷の電磁波を測定するセンサと，センサから送られてくるデータを受信して雷の落ちた場所と大きさ（電流値）を解析する中央解析局で構成されている．

　センサは東西と南北に方位を調整したループ（環状）アンテナを

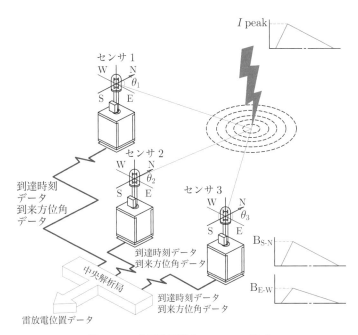

図1・19　落雷位置標定システムの構成

搭載している．ループアンテナはループの中の磁束の変化によって誘導起電力を取り出すことができるため，それを利用し，雷の電流によって発生した磁束変化をループアンテナで電圧の変化に変換する．取り出した電圧の変化は，ループの面に対する磁束の錯交角度に関係するため，東西と南北に方位を調整したループアンテナでセンサから見た雷の方位を算出することができる．

　このとき，センサの機能として特徴的なのは雷の識別で，ループアンテナで検出した雷に特有の磁界波形の特徴を抽出し，空中で発生するノイズと雷の信号を識別して，雷でない信号を除外する．こ

1 雷サージってなあに

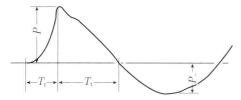

■凡例
P：ピーク電流値/この値がJLDNで算出される雷の電流値．
P_-：バイポーラリジェクション/基準値以内ならば電離層反射
　　による極性反転波とみなして無視する．
T_r：立上り時間/電流値が0 kAからピークに達するまでの時間．
　　この時間が短いと，フラッシオーバ事故の原因となる．
T_t：Peak to Zero時間/電流値のピーク値から0 kAになるまでの時間．
　　通常は，この時間の長さで，大地雷か雲放電かを判別する．

図1・20　雷撃判別パラメータ

の波形識別は雷撃判別パラメータと呼ばれる波形の特徴パラメータ
を利用しており，図1・20のように定義されている．

　図中の P（ピーク電流値），T_r（立上り時間），T_t（Peak to Zero時間），
P_-（バイポーラリジェクション）のパラメータを調整して，最適な設
定で観測を行っている．

　また，センサはGPS時計をもっており，センサ単体で高精度な
時刻を保持している．雷による磁界変化データの受信時刻を計測す
ると，計測した方位と時刻をデータ列にして解析装置に送信する．
センサと中央解析装置は通信回線で接続されており，高速で雷デー
タが通信可能である．

　中央解析装置は複数のセンサから受信した方位と時刻のデータか
ら，雷の発生位置（緯度，経度）と大きさ（電流値），多重度を算出し，
雷データとして出力する．発生位置を求める方法は，まず複数のセ
ンサが付与した時刻を参照して，同じ雷データのグループを作成す

る．そして，方位データとグループ内のセンサの時刻差を用いて発
生位置を算出している．雷の大きさは雷のピーク電流値で，センサ
が送ってきた磁界の強さから求めている．

　現在のJLDNの雷検知センサの配置を図1・21に示す．センサは

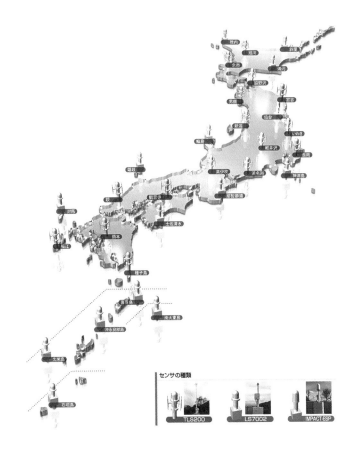

図1・21　JLDNの雷検知センサ配置図

1　雷サージってなあに

北海道から沖縄まで31基で構成され，日本国内においてできるだけ落雷位置の誤差が小さくなるように，センサを配置している．

⑵　雷センサ

　落雷位置標定システムのように広範囲で複数のセンサを用いて観測する方式は最も精度の高い雷データが得られるが，単に雷が接近しているかどうかだけを知りたい場合は，単一で動作する雷センサで観測することができる．

　図1・22は1台のセンサで雷の接近警報を知らせる雷センサの例である．雷が発生する磁界変化と雷によって発生する発光を検知して，おおよその雷センサから雷までの距離を8 km，16 km，32 kmの3段階で知らせるセンサである．

　図1・23も1台のセンサで雷の接近を知らせる雷センサの例であるが，雷による電界と磁界を受信して，40 km圏内の雷を検知できる．落雷位置標定システムのセンサと同じループアンテナを搭載しているので雷のおおよその方位と，10 km間隔で最大3段階の距離を算出する．図1・24は雷情報の表示画面の例である．画面の中心

図1・22　雷センサの例（光と磁界信号を受信して接近警報を発する）

図1・23 雷センサの例（電界と磁界を受信して雷を検知する）

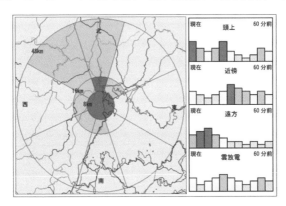

図1・24 雷情報の表示例

は雷センサの位置であり，周囲を8分割にし，雷を検知したエリア
の色を変えて接近情報を発報する．

1 雷サージってなあに

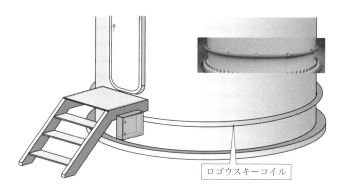

ロゴウスキーコイル

図1・25　ロゴウスキーコイルの外観例

⑶　ロゴウスキーコイルによる観測

　雷観測で近年，重要視されている観測に，再生可能エネルギーの代表的なものとして推進が世界的に進んでいる風力発電設備の雷観測がある．風力発電設備への落雷を観測する方法としては，風車の塔体に流れる雷電流を観測するため，ロゴウスキーコイルを用いた観測装置が挙げられる．

　ロゴウスキーコイルは金属を流れる電流の周囲に発生する磁界変化を検出して，電圧変化として出力できる空心コイルで，空心であるため構造が簡単であり，径の大きい鉄塔や塔体であっても容易に巻き付けて電流の観測が可能である．

　図1・25は装置の外観例である．GPS時計を備えており，落雷時刻，電流値，電荷量（電流波形の積分），極性が観測できる．

⑷　CTによる観測

　CT（Current Transformer）による電流観測は昔から行われており，CTで検出した磁界変化を電圧値で出力することができる．雷観測では接地線や引下げ導線に流れる雷電流の観測で用いられている．

CTケーブル

分割型CT

「サージモニタ」本体

図1・26　CTを用いた雷電流測定器の例

CTを接地線に
取り付けている

図1・27　CTを用いた雷電流観測例

図1・26はCTを用いた雷電流測定器の例で，これにより発生時刻，電流値，電荷量が測定できる．分割形CTを用いているので，接地線などを外さなくても設置可能である．図1・27は接地線にCTを取り付けて落雷時の雷電流観測をしている例を示している．

(5)　電界計測による観測

　雷雲の発達・衰退の観測の方法として，雷雲中の電荷の存在に

1 雷サージってなあに

よって周囲に発生する電界を観測して，雷雲中の電荷の発生や接近情報を検知する方法がある．この観測方法は主に地上に電界計を設置し，地上電界を観測することによって行われる．

　雷雲による地上電界の観測には，回転セクタ型電界計が用いられる．これは通称フィールドミルと呼ばれる電界計である．図1・28はフィールドミルの外観例である．

　フィールドミルは，内部に金属の円盤が2枚あり，片方はセクタがあり穴があいている．もう一つは静電誘導によって電位を検出する誘導検出の円盤で，双方の円盤は平行な状態である．セクタがある円盤はモータによって回転させると，誘導検出の円盤はセクタごとに電界にさらされるため，セクタに応じて誘導検出の円盤が帯電して電位が生じたり，ゼロ電位になったりする．それを電圧変化として計測すれば，電界変化を観測することができる．

図1・28　フィールドミルの外観例

1.3　雷サージの正体

(i) 雷サージの概要

(1)　雷サージの正体

　雷サージの正体は，一言でいってしまえば電気である．雷放電が発生すると大きな電磁界が発生し，それに伴い周辺の電源線や通信線，LANケーブル，信号線，制御線などのメタル線（金属で構成されるケーブル）に大きな雷サージ（異常電圧および異常電流）が短時間に発生する．電圧および電流の大きさは雷サージの種類によって大きく異なるが，いずれの雷サージであっても通常の電気・電子機器等で使用される電圧・電流に比べればはるかに大きなものであり，機器の故障等を引き起こすには十分な大きさである．

　なお，雷サージは落雷があった地点を中心に数kmの範囲内にわたり発生して電気・電子機器等に影響を与えることもあり，建築物やその近辺で落雷が発生していない場合であっても雷サージの被害を受ける可能性があるため注意が必要である．

　加えて，IoT社会の進展に伴い，電気・電子機器が異常電圧に対して脆弱な半導体デバイスが多用されるようになったことで雷サージによるリスクは増加傾向にある．

(2)　雷サージの種類

　雷サージには種類があり，直撃雷と誘導雷に分類される．

①　直撃雷

　直撃雷は，鉄塔などの高層建築物や一般家庭のTVアンテナなどに直接落雷することが考えられる．

　建築物や近傍の鉄塔などに落雷した際に，その地点の大地電位上昇が生じることにより雷電流の一部が配電線に逆流することを逆流

1 雷サージってなあに

雷という．配電線に逆流する際に，配電線に接続されている機器が破壊することがある．

②　誘導雷

誘導雷は，建築物や電線等の近傍に落雷した際に，落雷による電磁界の急激な変化によって生じる．

雷サージの発生原理・メカニズムについては，2.1項にて詳細を解説しているので，こちらを参照してほしい．

(3)　雷サージの主な侵入経路

雷サージの侵入経路はさまざまであるが，その経路は電源線，通信線，アンテナ線，接地線など多岐にわたる．基本的にはメタル線を介して建築物内および機器内に侵入する．主な侵入経路は図1・29に示す経路およびそれらの複合経路が考えられる．

①　電源線からの侵入

電源線への直撃雷，近傍の直撃雷によって発生する誘導雷が侵入

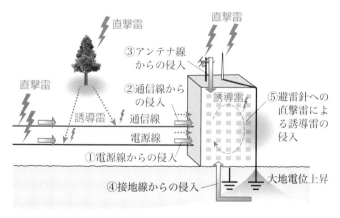

図1・29　雷サージの侵入経路

する.

② 通信線からの侵入

通信線への直撃雷，近傍の直撃雷によって発生する誘導雷が侵入する.

③ アンテナ線（テレビアンテナなど）からの侵入

アンテナ線への直撃雷が侵入する.

④ 接地線（アース線）からの侵入

避雷針への直撃雷による大地電位上昇によって生じる接地間電位差によって雷サージが侵入する.

⑤ 避雷針からの侵入

避雷針への直撃雷による周辺電磁界の変化によって建築物内のメタル線に誘導雷が侵入する.

具体的な雷サージの侵入経路については2.2項で解説しているのでこちらを参照してほしい.

(4) 雷サージによる被害

① 被害事例

雷サージが電源線や通信線等を経由して屋内の機器に侵入すると機器の誤動作や破損が生じることもある. 雷サージによる被害を受けた機器や設備の例を次に挙げる.

・工場内の各種設備（組立設備など）

・一般家庭内の各種機器（テレビ，エアコンなど）

・太陽光発電設備

・ITV設備

・防災設備（自動火災警報設備など）

このように，雷サージは私たちにとって身近な機器や設備を故障させる原因となっている.

1 雷サージってなあに

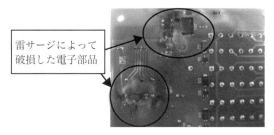

図1・30　雷サージの被害を受けた機器の回路基板

　また，図1・30に，実際に雷サージの被害を受けた機器の回路基板の写真を示す．

② 雷サージの被害を受けやすい機器

　雷サージの被害を受けやすい機器の例として，雷サージの入口と出口が形成されている機器がある．例えば，図1・31に示すように電源線と接地線が接続されている洗濯機，電源線と通信線が接続されているパソコン，電源線とアンテナ線が接続されているテレビな

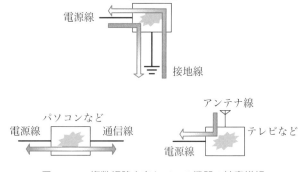

図1・31　複数経路を有している機器の被害様相

どが挙げられる．このような機器は電源線のみが接続されている照明器具などと違い，複数の経路が形成されるため，被害を受けやすい傾向にある．

　なお，雷サージによる具体的な被害については1.3.(ii)項で解説しているので，こちらを参照してほしい．

(5)　雷サージ対策

　雷サージは前述のとおりさまざまな侵入経路がある．そのため，雷から建築物等を守る手段としてよく知られている避雷針では落雷から建築物本体を守ることはできても，建築物内部の機器を守ることはできない．また，雷サージ対策として「機器の電源を切る」や「機器の電気プラグや通信ケーブルを抜く」等による方法を聞いたことがあるかもしれないが，「機器の電源を切る」では，電源スイッチの耐電圧（機器が耐えられる電圧）を超える雷サージが侵入した場合には，スイッチの絶縁破壊が生じるため，この方法で機器を守ることはできない．「機器の電気プラグや通信ケーブルを抜く」といった対策についても有効ではあるが，落雷のたびにすべての機器の電気プラグやケーブルを抜くことは現実的とはいえない．そのため，雷サージの対策方法としては，雷保護装置を設置する方法が一般的であり，かつ効果的である．

(a)　雷保護装置の種類

　雷保護装置には大きく分けて「放流形」と「絶縁形」がある．

①　放流形

　放流形は，雷サージが侵入した際，雷保護装置が雷サージを制限し，接地等へ放流することで機器を保護する．絶縁形と比較して品種が豊富であり，小形で安価な製品が多い．図1・32に放流形による機器の保護イメージ図を示す．

1 雷サージってなあに

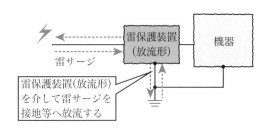

図1・32　放流形による機器の保護

② 絶縁形

　絶縁形は，雷保護装置の耐電圧を向上させることによって雷サージを絶縁し，雷サージの侵入を防ぐことで機器を保護する．放流形と比較して保護性能が高い一方，電源用途の場合，大形で高価な製品が多い．図1・33に絶縁形による機器の保護イメージ図を示す．

(b) 代表的な雷保護装置

　放流形と絶縁形の代表的な雷保護装置を紹介する．

① 放流形の雷保護装置：SPD（Surge Protective Devices）

　SPDとは雷防護素子と呼ばれる特殊な部品を用いた雷保護装置である．SPDには電源用，通信・信号用，同軸用，LAN用等の用

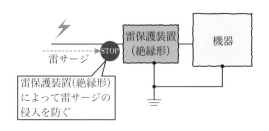

図1・33　絶縁形による機器の保護

途に応じたさまざまな種類がある．図1・34に製品例を示す．また，適切に設置しなければ十分に効果を発揮しないため，購入や使用の際には製造メーカとよく相談することが重要となる．

　なお，SPDについての具体的な内容については3.4項で解説しているので，詳細についてはこちらを参照してほしい．

② 絶縁形の雷保護装置：耐雷トランス

　耐雷トランスとは，一般的に一次巻線と二次巻線間および一次巻線と接地間の雷サージに対する耐電圧性能を向上させたトランスである．耐雷トランスには電源用および通信用があり，用途によっては巻線間に静電遮へいシールドを施し接地することで，さらに性能を向上させたトランスもある．図1・35に製品例を示す．耐雷トラ

電源用SPD　通信用SPD

LAN用SPD　同軸用SPD

図1・34　SPDの製品例

図1・35　耐雷トランスの製品例

ンスは適切な設置条件がSPDほど複雑ではないが，トランスであるため直流電源には使用できない．こちらも購入や使用の際には製造メーカとよく相談することが重要となる．

　なお，耐雷トランスの具体的な内容についても3.4項で解説しているので，詳細についてはこちらを参照してほしい．

(ii) 雷サージによる被害

(1)　雷被害による損失

　近年，インフラ業界（電力・鉄道・通信等）や家電業界などさまざまな分野でIoT化が浸透し，IoT化された電気・電子機器が数多く設置されている．雷の被害によってこれらの機器に誤作動や故障が起きると，たちまち莫大な被害に直結してしまうおそれがある．

　気象庁では，代表的な業種と企業を対象に，落雷による被害実態についてアンケート調査を行っている[15]．年間雷被害金額のアンケート調査結果を表1・1に示す．

　アンケートは，電力・通信・鉄道・iDC（インターネットデータセンタ）においては，夏季雷が多い栃木・群馬・埼玉県を調査し，地方自治体・警察・学校・病院・工場・銀行・保険会社などは，冬季雷が多い富山・石川県を調査したアンケート結果であり，サンプル

表1・1 アンケート調査結果による年間雷被害金額

業種	物的被害金額 [万円]	補修金額 [万円]	合計金額 [万円]	被害額構成比 [%]
オフィス	295 786	12 740	308 526	4.9
工場	3 433 612	470 842	3 904 454	61.9
病院	55 699	9 443	65 142	1.0
学校	65 980	3 401	69 381	1.1
テレビ局	17 821	142	17 963	0.3
ラジオ局	999	181	1 180	0.0
CATV	29 123	15 941	45 064	0.7
道路・河川	17 267	352	17 619	0.3
警察	9 765	2 133	11 898	0.2
地方自治体	42 347	3 793	46 140	0.7
風力発電所	2 531	296	2 827	0.0
iDC	6 591	1 976	11 567	0.2
私鉄	6 142	13 121	19 263	0.3
JR	4 573	59 504	64 077	1.0
通信事業者	127 149	12 603	139 752	2.2
電力会社	15 126	306 412	321 538	5.1
一般住宅	1 256 315	－	1 256 315	19.9
合計	5 389 826	912 880	6 302 706	100

数は780である.

　雷による被害はあらゆる業界で発生していることがわかる. 特に工場の被害金額は約400億円, 被害額の構成比では約60 %を占めている. 工場には生産ラインや生産ラインを監視するための高額な機器が多数存在し, さらにそれらの機器がネットワーク等によってすべてつながっている場合, 一度の落雷で多数の機器が被害を受ける可能性がある. このことから, 被害金額が高額になっているもの

と考えられる．また，工場に次いで一般住宅の被害金額が高額と
なっているが，一般住宅では十分な雷サージ対策を実施されていな
いことが起因していると考えられる．

　また，社団法人　日本建築学会関東支部　都市防災における雷保
護技術研究会では，雷被害の実態を明らかにするため，官庁・民間・
公共施設等を対象にしたアンケート調査を行っている[16]．雷被害を
受けた設備のアンケート調査結果を表1・2に示す．

　アンケート調査結果は，日本国内における主な都道府県の官公庁
（消防や警察を含む）や病院，老人ホーム，電力通信，一般事務，学校，
文化施設，公共施設等を無作為に抽出し，サンプル数は990である．

　雷による被害は弱電設備（弱電流で動作する，情報の伝達や機器の制
御などに利用する電気設備）に多く発生していることがわかる．また，

表1・2　アンケート調査による雷被害を受けた設備一覧

雷被害を受けた設備	被害件数（割合）
自動火災報知設備	15件（17 %）
電話設備	10件（11 %）
中央監視設備	8件（9 %）
コンピュータ	6件（7 %）
空調設備	6件（7 %）
放送設備	5件（6 %）
受変電設備	4件（5 %）
テレビ受信設備	4件（5 %）
無線設備	4件（5 %）
照明設備	2件（2 %）
その他	23件（26 %）
合計	87件（100 %）

雷サージの侵入経路が多く存在する自動火災報知設備や電話設備に雷被害が多い.

さらに,財団法人全国自治協会では,平成3年度〜22年度の落雷損害の共済金支払件数と支払金額を調査している[17].共済金支払件数と支払金額の推移を図1・36に示す.

支払件数は,平成3年度の221件に対し平成22年度は1 513件となっており,およそ7倍に急増している.また,支払金額は,平成3年度の約1.4億円に対し平成22年度は約12.3億円となっており,およそ9倍となっている.

雷による被害が急増した理由は主に次の二つが考えられる.

① 建築物内における設備のネットワーク化が進み,雷サージの侵入経路が増えていること.

② 技術革新によって電気・電子機器の小形化が一段と進み,動作させるために必要な電圧の低下によって雷サージのような異常電圧に対して極めて脆弱化していること.

なお,わが国における雷による被害総額は,2002年の電気学会

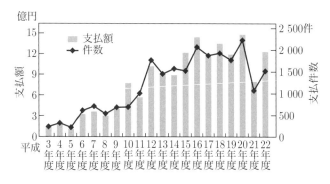

図1・36　落雷損害支払件数および支払金額（平成3年度〜22年度）

39

1 雷サージってなあに

技術報告書第902号によるとおおむね年間1 000億円〜2 000億円程度と推定されている．また，IoT機器等は運用に安定性と信頼性が要求されているため，それらに大きな影響を及ぼす雷サージの対策が重要な課題となっている．

(2) 雷被害事例

雷被害事例について紹介する．

被害① 工場（長野県）

発生年月：2009年7月

被害設備：工場のPC・HUB・組立設備・印刷機，管理棟の
　　　　　PC・HUB・火災報知機・FAX

被害原因：近隣の配電柱付近に直撃雷があり，電源線に雷サージ
　　　　　が侵入した．電源線から工場内に雷サージが侵入し，
　　　　　工場内の組立設備，印刷機等を破壊した．さらに，工
　　　　　場と管理棟をつなぐ通信線にも雷サージが侵入し，管
　　　　　理棟内のPC，HUB等を破壊した．

被害金額：500万円

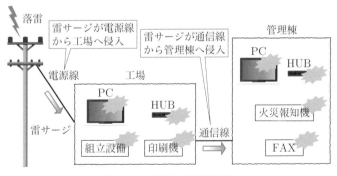

図1・37　工場の雷被害事例

被害②　一般家庭（宮崎県）

発生年月：2010年8月

被害設備：テレビ，ゲーム機，エアコン，エアコン室外機

被害原因：一般家庭のテレビアンテナに直撃雷があり，テレビの
　　　　　同軸線から住宅内に雷サージが侵入した．この雷サー
　　　　　ジによってテレビが破損し，テレビに接続されていた
　　　　　ゲーム機が破損した．さらに，雷サージは電源線を介
　　　　　し分電盤に流れ，エアコン，エアコン室外機に侵入し
　　　　　被害を及ぼした．

被害金額：40万円

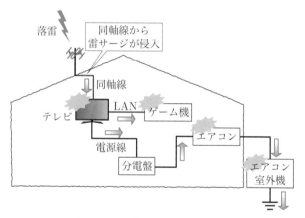

図1・38　一般家庭の雷被害事例

被害③　太陽光発電所（広島県）

発生年月：2015年7月

被害設備：太陽電池アレイ，接続箱，パワーコンディショナ，計
　　　　　測機器

被害原因：太陽電池アレイに直撃雷があり，太陽電池アレイが破

損した．さらに雷サージは接続箱へ侵入し，接続箱内
の機器を破損して，電源線を介してパワーコンディ
ショナに侵入した．また通信線を介して計測機器にも
雷サージが侵入したため破損した．

被害金額：300万円

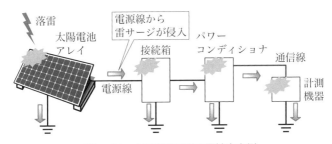

図1・39　太陽光発電所の雷被害事例

被害④　ゴルフ場（山形県）

発生年月：2011年10月

被害設備：屋外カメラ・管理棟のカメラ制御装置・モニタ用の
　　　　　PC，倉庫のカメラ制御装置・モニタ用のPC

被害原因：屋外カメラに直撃雷があり，屋外カメラは破損し，そ
　　　　　の影響で電源線，同軸線から管理棟に雷サージが流れ
　　　　　込んだ．分電盤に侵入した雷サージはカメラ制御装
　　　　　置，モニタ用のPCに流入し破損させた．さらに，管
　　　　　理棟と倉庫の間には通信線が接続されているため，倉
　　　　　庫のカメラ制御装置，モニタ用のPCに雷サージが侵
　　　　　入し雷被害を及ぼした．

被害金額：250万円

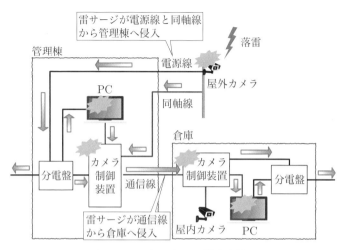

図1・40 ゴルフ場の雷被害事例

被害⑤　学校（北海道）

発生年月：2010年9月

被害設備：A棟の分電盤・電源装置・火災受信盤，B棟の分電盤，
　　　　　火災受信盤

被害原因：A棟に落雷があり，避雷針の接地極の電位が上昇した
　　　　　ことにより，各接地極間に電位差が生じる．避雷針と
　　　　　分電盤の接地間電位差によって，A棟に雷サージが侵
　　　　　入し，分電盤，電源装置，火災受信盤が破損した．さ
　　　　　らに，A棟とB棟の間には火災受信盤の制御線が接続
　　　　　している．このため，A棟とB棟の接地間電位差によ
　　　　　りB棟に雷サージが侵入し，分電盤，火災受信盤を破
　　　　　損させた．

1 雷サージってなあに

被害金額：400万円

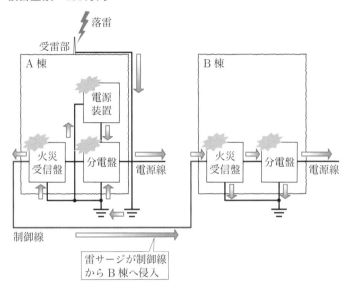

図1・41　学校の雷被害事例

参考文献

⑴　T. Takahashi: "Riming electrification as a charge generation mechanism in thunderstorms", J. Atmos. Sci., Vol..35, pp.1536-1548（1978）

⑵　高橋劢　「雷の科学」　東京大学出版会（2009）

⑶　日本大気電気学会編　「大気電気概論」　コロナ社（2003）

⑷　M. A. Uman "The Lightning Discharge", International Geophysics Series Vo.39, Academic press Inc.（1987）

⑸　松井倫弘，道下幸志：「負極性下向きステップトリーダの継続時間と第一帰還雷撃の電流波高値との相関」，電気学会論文誌A,，Vol.137，No.8，pp.489－496（2017）

⑹　横山茂　「配電線の雷害対策」　オーム社（2006）

⑺　M. Matsui，K. Michishita and S. Yokoyama: "Characteristics of Negative Flashes with Multiple Ground Strike Points Located by the Japanese Lightning Detection Network"，in IEEE Transactions on Electromagnetic Compatibility，vol. 61，no. 3，pp. 751-758（2019）

⑻　小林文明　「積乱雲―都市型豪雨はなぜ発生する？―」　成山堂書店（2018）

⑼　気象の事典　平凡社版（2001）

⑽　妹尾堅一郎　「雷害リスク」　ダイヤモンド社

⑾　北川信一郎　「日本海沿岸の冬季雷雲の気象学的特徴」日本気象協会『気象』（1996）

⑿　川上正志　「北陸周辺の冬の雷」　日本気象協会（1998）

⒀　北川信一郎　「雷と雷雲の科学」　森北出版（2001）

⒁　Akiko Sugita, Michihiro Matsui :"LIGHTNING ACTIVITY ALONG THE COASTLINE OF THE SEA OF JAPAN OBSERVED JLDN"，presented at 19th International Lightning Detection Conference（ILDC 2006），Tucson AZ, U.S.A.，（2006）

⒂　気象庁報告（2006）「わが国の雷被害の実態　被害額は年600億円以上」，『月刊「安全と管理」』2006年6月号，P.16-17，日本実務出版社

⒃　社団法人 日本建築学会関東支部 都市防災における雷保護技術研究会（2005）「落雷による建築物被害の調査報告　平成16年アンケート調査」，P.14，社団法人日本建築学会関東支部

⒄　財団法人 全国自治協会（2011）「落雷損害の傾向と対策落雷損害共済金請求の手引」，P.5，財団法人 全国自治協会

2 雷サージの基礎

2.1　雷サージの発生原理・メカニズム

　本項では，雷サージの発生について具体的に説明する．雷サージとは，落雷により直接または間接的に，電源線，通信線などのメタル線から侵入し，電気・電子機器に加わる瞬間的な高い電圧とその結果流れる大きな電流のことである．この雷サージによって，PC，電話，テレビなどの電気・電子機器が破壊されてしまう．

　1.1項で説明したとおり，落雷は雷雲の中で氷の粒がぶつかり合うことで静電気が発生し，発生した電圧が雲と大地との間の空気の絶縁耐力（絶縁を破壊する値）を超えると雲と大地との間に電流が流れる．このことを落雷と呼ぶ．雷の電圧は図2・1に示すように約1

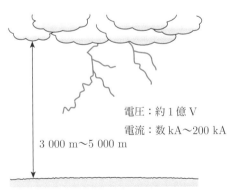

電圧：約1億V

電流：数kA〜200kA

3 000 m〜5 000 m

図2・1　雷の電圧と空気の絶縁耐力

億Vといわれ，家庭などで使用されている電圧である100 Vから
するといかに高い値かがわかる．電流については，2.3項に記載す
るが数kAから200 kAを超えるようなものもある．

(i) 直撃雷の影響

　雷サージは，大きくは直撃雷によるものと誘導雷によるものに分
けられる．直撃雷は，文字どおり直接対象物に落雷することである．
例えば，図2・2に示すようにアンテナに直撃雷があった場合，ア
ンテナに接続する同軸線を介して建築物内部に雷サージが侵入す
る．同様に，配電線などに直撃雷があった場合，配電線を介して建
築物内部に雷サージが侵入する．

　直撃雷の一部がメタル線に侵入する事例として，図2・3に示す
ように建築物Aの各機器の接地線，さらに建築物Bの機器の接地
線がそれぞれ個別になっている場合を考える．建築物Aの避雷針
に落雷した場合，雷サージは避雷針から引下げ導線（雷サージを大
地に流すための金属導線）を介して避雷針用の接地極に流れ込み，流
入点である接地極周辺の電位（電気の位置エネルギー）が上昇し，高

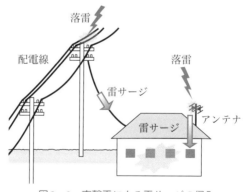

図2・2　直撃雷による雷サージの侵入

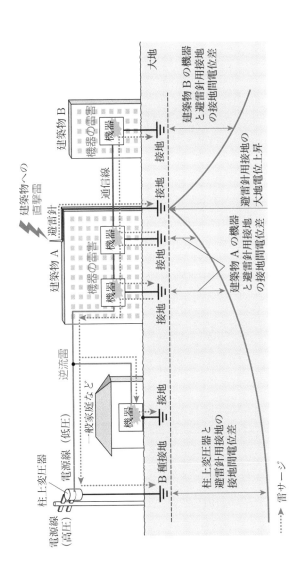

図2・3 接地間電位差による雷サージの侵入

電位となる．このとき，各機器の接地極との間に電位差（水平方向の電位差）が発生する．この電位差が，各機器の耐電圧を超えた場合，絶縁破壊が生じて，機器の接地極から雷サージが侵入する．電気は，水と同じように高いところから低いところに向かって流れる性質があるため，各機器の接地間に発生する電位差が原因となり，雷被害を受けることがある．

　落雷による避雷針用接地の大地電位上昇により，柱上変圧器のB種接地との間に電位差が発生し，雷サージが低圧の電源線に流出（逆流）する現象を，逆流雷と呼び，同じ電源線に接続する機器に雷被害を及ぼすこともある．

　また，図2・4に示す高層の建築物の屋上に避雷針などの受雷部

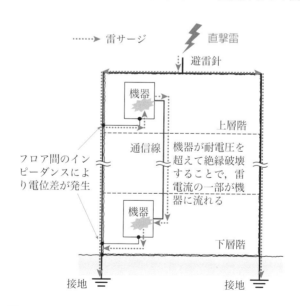

図2・4　上下方向のフロア間電位差における雷サージの侵入

システムがあり，建築物を支える鉄筋・鉄骨を引下げ導線システム
として利用している場合を考える．避雷針に落雷した場合，雷サー
ジが鉄筋・鉄骨を経由して，建築物の接地極に流れる．このとき，
鉄筋・鉄骨がインピーダンス（交流における抵抗成分）をもつため，
建築物の上下方向のフロア間に電位差（垂直方向の電位差）が発生す
る．機器が建築物の上層階と下層階にあり，これらの機器同士をメ
タル線にて接続している場合，フロア間で発生する電位差が機器の
耐電圧を超えると，絶縁破壊が生じて雷被害が発生する．雷サージ
が上層階の機器の接地線より侵入し，機器の内部回路を破壊し通信
線に流れる．そして，通信線の接続先である下層階の機器に侵入し，
機器の内部回路を破壊し，接地線から建築物の接地極に流れる．こ
のように，建築物の垂直方向に発生する電位差が原因となり，雷被
害を受けることがある．

(ii) 誘導雷の影響

　誘導雷は，配電線や通信線等のメタル線の近傍に落雷があった場
合，雷放電路に流れる電流によって発生した電磁界の急激な変化に
より二次的に生じるものである．

　落雷した際，この流れた電流に基づいて周辺に磁界が発生する．こ
れはアンペールの法則（右ねじの法則）として知られており，図2・5
に示すよう電流の流れる方向に右手の親指を向けた際，親指以外の
指の方向に磁界が発生する．

　発生した磁界は空間を伝搬し，機器に接続されたメタル線に交わる
ことで電磁誘導現象に基づいた電圧が発生する．この電圧が，誘導
雷である．ここで，電磁誘導について簡単に補足しておく．図2・6
のようなメタル線によってつくられる閉回路があり，この誘導ルー
プに交わる磁束（磁界の強さを線の束で表したもの）の変化分によって，

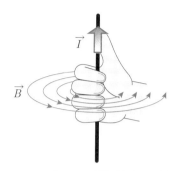

図2・5　アンペールの法則（右ねじの法則）

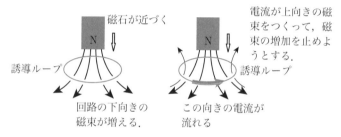

図2・6　ファラデーの電磁誘導の法則

この閉回路に電圧が発生する．このとき，磁束の本数が多い（磁界が強い）ほど高い電圧が発生し，閉回路（誘導ループ）の面積が広くなるほど高い電圧が発生する（ファラデーの電磁誘導の法則）．

　図2・7に示すように，誘導雷がメタル線に侵入する事例として，建築物の制御盤と屋外機器との間を通信線で接続している場合を考える．通信線付近への落雷で周辺の空間に電磁界が生じる．そして，これまで述べた電磁誘導による影響で通信線に誘導雷（雷サージ）が発生する．この雷サージが，制御盤あるいは屋外機器の通信線と接地間の耐電圧を超えると，雷被害が発生する可能性があるため，

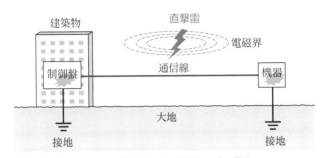

図2・7 誘導雷による雷サージの侵入

注意が必要である.

　また，図2・8に示すような高層の建築物内で，上層階と下層階の機器に対して，電源線と通信線がフロア間で誘導ループを形成して接続している場合を考える．避雷針に落雷した場合，雷サージが建築物の鉄筋・鉄骨に流れることによって周辺に電磁界が生じ，電磁誘導の影響で誘導ループに誘導雷（雷サージ）が発生する．この雷サージが機器の耐電圧を超えると，雷被害が発生するため，注意が必要である.

　これらのように，雷サージといってもその発生の仕方はさまざまであり，その影響も多岐にわたる.

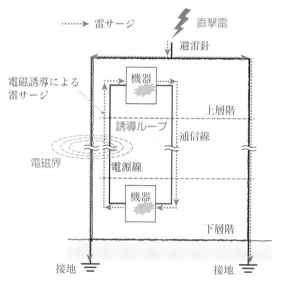

図2・8　フロア間の誘導ループによる雷サージの侵入

2.2　雷サージの侵入経路

（i）雷サージ侵入経路の考え方

　2.1項のとおり，建築物に侵入する雷サージの侵入経路としては，主に電源線からの侵入，通信線からの侵入，同軸線からの侵入，接地線からの侵入などが考えられる.

　図2・9において，電源線からの侵入例としては，高圧または低圧で受電している場合が考えられる.　そのとき，高圧または低圧の電源線を建築物に引き込み，受電設備や分電盤に接続するが，この電源線が雷サージの通り道となる.　また，通信線からの侵入例としては，通信会社より主に電話，データ通信のため通信線を建築物に

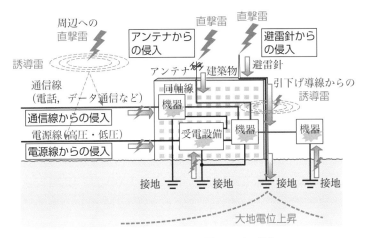

図2・9 建築物における雷サージの侵入

引き込む場合が考えられるが，この通信線も雷サージの通り道となる．また，屋外機器，センサ等から直接建築物内部の機器と通信線を接続している場合も考えられる．同軸線からの侵入例としては，屋上にあるテレビアンテナより同軸線が建築物内部の機器，テレビ等に接続している場合が考えられるが，テレビアンテナへの直撃雷により雷サージが侵入するおそれがある．さらに，感電防止のために機器に接地線が接続されている場合，この接地線も雷サージの侵入経路となる．

　このほか，避雷針などへの直撃雷により，引下げ導線に雷サージが侵入することで，電磁誘導の影響により建築物内部の電源線，通信線などのメタル線に誘導雷が発生し，機器に侵入する可能性がある．

（ⅱ）雷サージ侵入事例と雷被害様相

（1）　一般家庭における雷サージ侵入経路

　電源線，通信線，接地線等複数の侵入経路がある機器は雷被害を受けやすく，一般家庭でも同じことがいえる．一般家庭は外部から電源線，通信線，同軸線および接地線等のメタル線が接続されており，雷サージがさまざまな経路で侵入する可能性がある．侵入する雷サージが家電製品の耐電圧よりも低い電圧であれば破損しないが，耐電圧を超える電圧が侵入した場合，家電製品は破損する．

　ここでは，家電製品は電源線，通信線，同軸線および接地線等のメタル線の接続状況から，雷被害原因をわかりやすくするため，表2・1に示す4パターンに分類する．

表2・1　家電製品の分類

区分種類		メタル線の接続状況
Ⅰ	非接地機器	掃除機などの電源線のみを接続している家電製品をいう．
Ⅱ	接地機器	洗濯機などの電源線のほかに接地線を接続している家電製品をいう．
Ⅲ	アンテナ機器	テレビなどの電源線のほかにアンテナからの同軸線を接続している家電製品をいう．
Ⅳ	通信機器	電話機などの電源線のほかに通信線を接続している家電製品をいう．

　雷サージの侵入例を，図2・10～図2・13に示す．

①　電源線からの侵入

　電源線近傍での落雷により電源線から雷サージが侵入した場合，柱上変圧器側への侵入や，接地機器では，機器の内部回路を破損させて，接地線に流出することが考えられる．また，通信機器は，機器の内部回路を破損させて，通信線に流出する経路が考えられる．

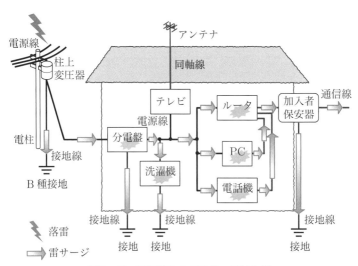

図2・10　電源線からの雷サージ侵入例

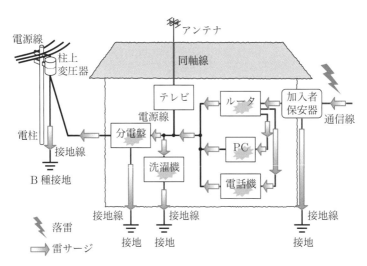

図2・11　通信線からの雷サージ侵入例

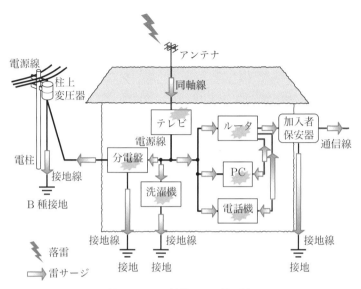

図 2・12　同軸線からの侵入例

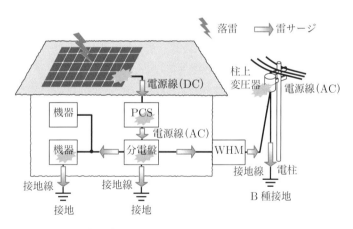

図 2・13　一般家庭における太陽光発電システムの雷サージ侵入例

② 通信線からの侵入

通信線近傍での落雷により通信線から雷サージが侵入した場合，通信機器は，機器の内部回路を破損させて，電源線を介し，柱上変圧器側へ流出する．また，接地機器の内部回路を破損させて，接地線に流出する経路も考えられる．

③ アンテナ（同軸線）からの侵入

アンテナへの落雷により雷サージが侵入した場合，アンテナ機器は，機器の内部回路を破損させて，電源線を介し，柱上変圧器側へ流出する．また，接地機器の内部回路を破損させて，接地線に流出する経路のほか，通信機器の内部回路を破損させて，通信線に流出する経路も考えられる．

⑵ 太陽光発電システムにおける雷サージ侵入経路

① 一般用

一般家庭に使用される太陽光発電システムとしては，主に太陽電池アレイ，PCS（パワーコンディショナ），分電盤，WHM（電力量計）などで構成される場合が多い．一般家庭では，避雷針のような外部雷保護システム（3.2.⑴項参照）を設置している場合がほとんどないため，太陽電池アレイなどへの直撃雷の影響で電源線（DC）に雷サージが侵入し，PCSを破損させて電源線（AC）に流出することで，電源線に接続されている機器を破損させる可能性がある（図2・13を参照）．

② 大規模用太陽光発電システム

メガソーラのように，屋外に非常に広い敷地面積をもつ太陽光発電システムとして，主に太陽電池アレイ，接続箱，PCS，計測装置・弱電設備，受変電設備などから構成されている．特にPCSは中心的な機能を担っているが，DCおよびACの電源線，通信線などの

2　雷サージの基礎

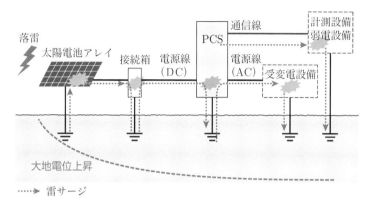

図2・14　太陽光発電システムの雷サージ侵入例

さまざまなメタル線が接続されており，雷被害を受けやすい設備といえる．

　各設備の接地極が個別になっている状況で，例えば図2・14に示すように太陽電池アレイ付近に落雷があった場合，落雷点の電位上昇が発生し，付近にある太陽電池アレイの接地極など，各種接地極との間に電位差が生じる．太陽電池アレイと接続箱間においては，接地間電位差が，それぞれの設備の耐電圧を超えた場合に絶縁破壊が生じ，雷被害が発生する．また，PCSおよび各設備も同様に，各接地極との間に接地間電位差が発生し，それぞれの設備の耐電圧を超えた場合に絶縁破壊が生じ，雷被害が発生する．

⑶　携帯電話基地局における雷サージ侵入経路

　携帯電話基地局の設備構成例を図2・15に示す．アンテナおよびGPSアンテナが設置された鉄塔があり，引込柱にある受電盤のほか，地上設備としては整流器などの電源装置，GPS受信機や無線機などの通信装置等が設置されている．鉄塔の避雷針に落雷があると，

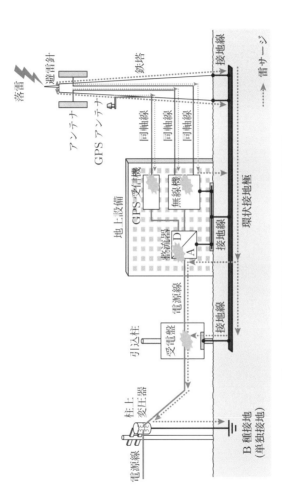

図2・15 携帯電話基地局における雷サージ侵入例

雷サージ引下げ導線または鉄塔構造体を流れ，鉄塔の接地極が電位上昇し，共通接地となっている地上設備および受電盤の接地も同様に上昇する．また，アンテナ側から雷サージの一部が同軸線に侵入し，GPS受信機や無線機を破損させて地上設備の接地極に流れる．さらに，地上設備および受電盤の大地電位上昇により柱上変圧器のB種接地との間で接地間電位差が発生し，受電盤，整流器などを破損させて柱上変圧器のB種接地に流れることが考えられる．

(4) ロープウェイ設備における雷サージ侵入経路

　ロープウェイは，ゴンドラに動力がなく駅舎にあるモータ（原動設備）でロープを回し，ゴンドラが握索機でロープ（鋼索）をつかむことで動く．ロープウェイには電源設備のほか，発車や停止などを操作する操作卓，操作卓と連動して運行全体の制御を行う監視盤など多数の機器が設置されている．これらの機器を接続するメタル線は駅舎の内部だけではなく，屋外からも多数接続しており，雷サージの侵入経路となる．

　例えば，図2・16に示した山麓側の駅舎に，操作卓や監視盤などの機器が設置されている場合，操作卓には電源線のほか，監視盤からの制御線および山頂駅舎からの制御線を接続している．また，監視盤に対しても電源線のほか，操作卓からの制御線，山頂駅舎に設置された各種センサからの制御線を接続している．

　山頂側の駅舎付近に落雷した場合，周辺の大地電位が上昇することで，山頂側の駅舎と山麓側の駅舎間で接地間電位差が発生する．その影響で，山頂側の操作卓あるいは各種センサの接地線，筐体より雷サージが侵入して雷被害が発生するが，これらの機器と制御線で接続する山麓駅側の操作卓あるいは監視盤にも雷サージが流れ，機器が破損する．

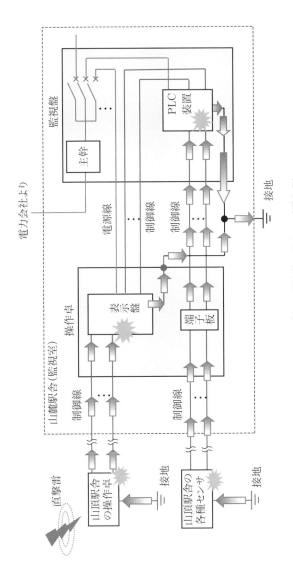

図2・16 ロープウェイ設備の雷サージ侵入例

2.3 雷サージの波形

　ここまで雷サージの被害について見てきたが，では雷サージそのものを見ることはできるのだろうか．ここでは雷サージの波形について説明していく．

(i) 雷サージの観測結果

　まずは実際に観測された雷サージから見ていこう．東京スカイツリーでは，開業した2012年より高さ497 m地点にて雷の観測を行っており，スカイツリー塔頂に落ちた雷の電流を観測している．実際に観測された電流波形を図2・17に示す[1]．電流値がマイナスで表示されているのは負極性の雷を観測したためである．この波形は1.2.(ii)(3)項にて説明したロゴウスキーコイルを用いて観測されたものである．

　このような雷電流の観測は東京スカイツリーだけでなく，以前から世界各地で行われている．観測データを統計としてまとめた報告が複数ある．図2・18はそれらの報告の観測データの累積頻度分布をグラフ化したものである[2]．六つの統計結果を表示しているが，

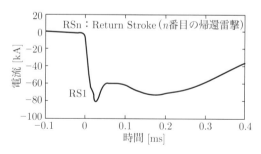

図2・17　東京スカイツリーへの落雷観測例（2013年8月21日16時29分51秒観測）

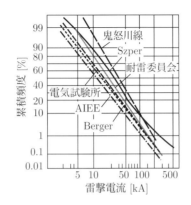

図2・18　雷撃電流累積頻度分布曲線

いずれも数kA程度の電流値の小さいものが多く，200 kA を超えるような電流値の大きいものは少ない傾向がある．

(ⅱ) 雷サージの試験波形

　落雷は自然現象であり，雷サージの電流，電圧の大きさ，波形は一定ではない．このため，電気・電子機器等を評価するための試験波形が規格にて定められており，ここでは，電流，電圧に分けて紹介する．電流についてはJIS Z 9290-1:2014（IEC 62305-1:2010）にて規定されている雷電流波形を図2・19に示す．

① 　規約原点O_1

　波頭における10 ％波高点と90 ％波高点とを結ぶ直線が，時間軸と交わる点をいう．

② 　電流波高値I

　雷電流の最大値．

③ 　規約波頭長T_1

　波頭におけるの10 ％波高点と90 ％波高点との時間を，0.8で除

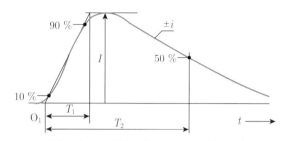

O$_1$：規約原点，I：電流波高値，T_1：規約波頭長
T_2：規約波尾長，$\pm i$：電流値（正極性または負極性）

図2・19　雷電流波形

したものをいう.

④　規約波尾長 T_2

　単極性雷電流の場合には，規約原点と波尾における半波高点との間の時間（図2.19参照），振動性雷電流の場合には，規約原点と第1半波の波尾における半波高点との間の時間をいう.

⑤　波形の表示

　規約波頭長 T_1 [μs]，規約波尾長 T_2 [μs] の雷電流波形を表示するのに，次のような記号を用いる.

　　$\pm T_1/T_2$ [μs]

　正負の符号は電流の極性を表す. 通常，雷電流の試験では，直撃雷を想定した試験には10/350 μsを，誘導雷を想定した試験には8/20 μsの波形を用いる.

　続いて，電圧についてはJEC-0202-1994にて規定されている雷電圧波形を図2・20に示す.

①　規約原点 O$_1$

　波頭における30 %波高点と90 %波高点とを結ぶ直線が，時間

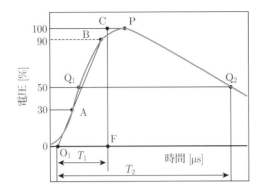

O₁：規約原点，T_1：規約波頭長，T_2：規約波尾長
Q₁，Q₂：半波高点，P：波高点，CF：波高値

図2・20 規約による雷インパルス全波電圧の表示

軸と交わる点をいう.

② 規約波頭長 T_1

波頭における30 ％波高点と90 ％波高点との間の時間を，0.6で
除したものをいう.

③ 規約波頭しゅん度

波高値を規約波頭長で除したものをいう.

④ 規約波尾長 T_2

単極性雷インパルス電圧の場合には，規約原点と波尾における半
波高点との間の時間（図2・20参照），振動性雷インパルス電圧の場
合には，規約原点と第1半波の波尾における半波高点との間の時間
をいう.

⑤ 電圧波形の表示

波頭長 T_1 [μs]，波尾長 T_2 [μs] の雷インパルス電圧波形を表示す
るのに，次のような記号を用いる.

$\pm T_1/T_2\,[\mu\mathrm{s}]$

　正負の符号は電圧の極性を表す．通常，雷インパルス電圧試験には，$1.2/50\,\mu\mathrm{s}$や$10/700\,\mu\mathrm{s}$の波形が用いられる．

2.4　雷サージシミュレーション

(i) 雷サージシミュレーションの必要性

　雷サージ対策の効果について，検証を行うためには近年まで実験的な検証が必要であった．そのため実際に現場に雷電流を発生できる電流発生装置を持ち込み，雷サージを実際に供試物に印加して検証に必要な電位上昇等を測定していたため，非常に大がかりで莫大なコストが必要であった．また供試物が大形の建築物の場合は，そのような実験は困難であり，効果的な検証は難しい状況にあった．

　そのような効果検証を行うため，近年，計算機の発達を利用して雷サージによる電位上昇を計算機シミュレーションによって求めることが可能になってきた．この技術により大がかりな実験をしなくても雷サージ対策の効果検証ができるようになった．

(ii) 雷サージシミュレーションの原理

　雷サージシミュレーションは，FDTD法を用いたサージ解析手法である．FDTD法は電磁界現象の支配方程式（基礎方程式）であるマクスウェル（Maxwell）の方程式を差分化して，直接時間領域で電磁界を解析する手法であり，図2・21に解析の原理を示す．解析対象となる空間をセルと呼ばれる立方体に分割し，マクスウェルの方程式中の微分計算を差分に置き換え，各セルの電界，磁界を時間領域で計算することができる．この原理を使用して一般財団法人電力中央研究所は，汎用サージ解析プログラムVSTL（Virtual Surge Test Laboratory）を開発した．VSTLは設備や建築物の構造

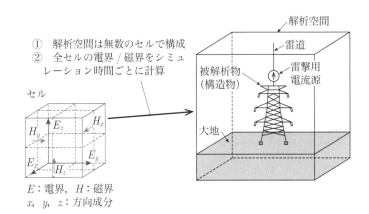

① 解析空間は無数のセルで構成
② 全セルの電界／磁界をシミュレーション時間ごとに計算

セル

E：電界，H：磁界
$x,\ y,\ z$：方向成分

図2・21 FDTD法による解析の原理

を直接模擬し，構造の影響を考慮した電磁界の空間伝搬を計算できるため，落雷によって発生する電気現象を実用的に解析することができる．また，計算モデルを作成するためのGUI（Graphical User Interface）を備えているため，いろいろな形状の直方体，平板などを容易に入力して，解析モデルを作成することができる．

・解析の原理：FDTD法

FDTD（Finite Difference Time Domain）法による雷サージ解析，解析対象の空間をセルと呼ばれる立方体に分割し，マクスウェルの方程式中の微分計算を差分に置き換えることで各セルの電界，磁界を直接計算する数値電磁界解析法．

（iii）雷サージシミュレーションの検証例

雷サージシミュレーションの検証例として，建築物内の電磁界解析例を示す．図2・22に解析モデルを示す．解析モデルは建築物の構造および材料から作成するが，建築用CADデータから解析モデルを作成し，建築物の柱，梁や床など構成に必要な部品は，これま

2 雷サージの基礎

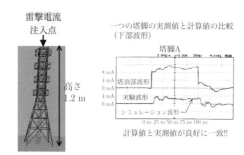

雷撃電流
注入点

高さ
1.2 m

一つの塔脚の実測値と計算値の比較
（下部波形）

塔脚A

8 mA
4 mA
0 mA
4 mA
0 mA

塔頂部波形

実験波形

シミュレーション波形

0 ns 25 ns 50 ns 75 ns 100 ns

計算値と実測値が良好に一致!!

解析事例1　実測値と計算値の比較例（無線鉄塔縮小モデル）

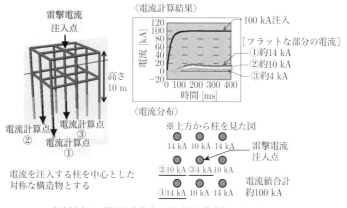

雷撃電流
注入点

高さ
10 m

〈電流計算結果〉

100 kA注入

［フラットな部分の電流］
①約14 kA
②約10 kA
③約4 kA

電流 [kA]

時間 [ms]

〈電流分布〉

電流計算点
②
電流計算点
③
電流計算点
①

電流を注入する柱を中心とした
対称な構造物とする

※上方から柱を見た図

14 kA 10 kA 14 kA
②10 kA ③4 kA 10 kA
①14 kA 10 kA 14 kA

雷撃電流
注入点

電流値合計
約100 kA

解析事例2　電流分布推定の例（簡易構造物モデル）

図2・22　建築物内の電磁界解析モデル

での研究で妥当性を確認してきた部品モデルと，それに係る電気的
なパラメータで構成できる．また，構造が鉄骨造，RC造であって
も，シミュレーション結果に妥当性があることが確認できている．

　図2・22の解析事例1は，無線鉄塔に雷撃した場合の実測値とシ
ミュレーション値の比較および建築物の雷電流分布の計算例であ
る．無線鉄塔に雷撃したときは実験値とシミュレーション値は良好

に一致し検証ができている．また，解析事例2の建築物の雷電流分布の計算例では，各柱を流れた電流値の合計値が注入した雷電流値と一致する．いずれも実測値とシミュレーション値は良好に一致することが検証できている．

（iv）実際に設計したビルの雷サージシミュレーション結果

図2・23は実際に設計したビルに雷撃した場合の部屋の磁界分布様相のシミュレーション結果である．これまでの検証結果を用いて，実験をしなくても部屋内の電磁界の分布が計算で予測できるようになった．これらの結果から，重要な機器を置く部屋の雷撃時の影響の検討や，シールド材を使用したときの電磁界の低減効果についての予測も可能になってきている．

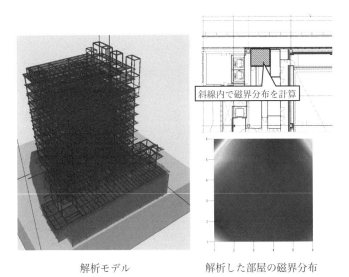

解析モデル　　　　　　　　解析した部屋の磁界分布

図2・23　実際に設計した建築物の雷撃時に発生する磁界分布のシミュレーション結果例

参考文献

⑴　三木貫ほか　「東京スカイツリーにおける雷観測　－雷電流波形観測システムの構築と2012年～2013年の観測結果－」，電力中央研究所，報告書番号 H13012，平成26年8月

⑵　耐雷設計基準委員会送電線分科会「送電線耐雷設計ガイドブック」，電力中央研究所，研究報告：175031，昭和51年3月

雷サージ対策

3.1　雷サージ対策の基本

　第2章では，雷サージの基礎として発生原理，侵入経路，雷サージの波形，シミュレーションについて言及した．本章では，雷サージ対策について説明する．

　雷サージ対策はJIS（日本産業規格）によると，図3・1に示す総

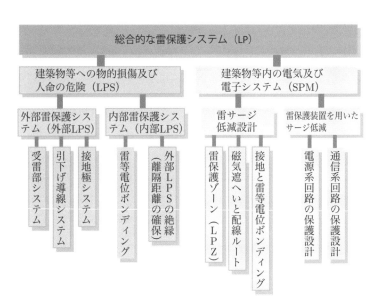

図3・1　総合的な雷保護システム

合的な雷保護システムの各項目について検討する必要がある．総合的な雷保護システム（LP：Lightning Protection）は，建築物等への物的損傷及び人命の危険（LPS：Lightning Protection System），建築物等内の電気及び電子システム（SPM：Surge Protection Measureres）*の二つに大別できる．

さらに，建築物等への物的損傷および人命の危険（LPS）は，直撃雷から建築物や人などを保護する外部雷保護システム（外部LPS），落雷時の電位差によって発生する危険な火花放電から建築物や人などを保護する内部雷保護システム（内部LPS）に分けられる．

また，建築物等内の電気及び電子システム（SPM）は，落雷電流によって生じる電磁界によってメタル線などに誘起される雷サージを低減させるための雷サージ低減設計，メタル線などに発生した雷サージを抑制するための雷保護装置を用いたサージ低減に分けられる．

それぞれの項目の詳細については，次項より説明する．

3.2 外部雷保護システム

(i) 外部雷保護システムの概要

外部雷保護システムは図3・1に示したように，「受電部システム」，「引下げ導線システム」，「接地極システム」の三つで構成される．建築物にあらかじめ受電部および引下げ導線システムを設けておき，

---

* JIS Z 9290-4:2009 では「雷電磁インパルスに対する保護」をLPMS（LEMP Protection Measure System）としている．IEC規格において，第1版（IEC 62305-4 Ed.1:2006）ではLPMSとなっていたが，第2版（IEC 62305-4 Ed.2:2010）より SPM（LEMP Protection Measures）となった．これにならい，JIS Z 9290-4:2016でも同様にLPMSとしている．次回改定の第3版では，SPM（Surge Protection Measures）に変更する方向で検討が進められており，本書では先取りしてSPM（Surge Protection Measures）とした．

雷を受電部システムで受けて引下げ導線システムに雷電流を流し，接地極システムへ放流することによって，「建築物」と「人間」を雷被害から保護することが目的である．

（ii）建築物等の保護対象範囲

(1)　受電部システム

　受電部システムは，落雷を捕捉するための，突針（避雷針）または水平導体，メッシュ導体のような金属部材を単独もしくは組合せ

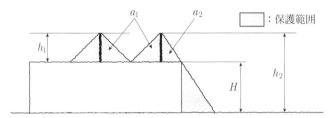

H：基準面より上の建築物の高さ，h_1：屋上から受雷部までの高さ
h_2：地上面から受雷部までの高さ（$h_1 + H$），
a_1：h_1に対応する保護範囲，a_2：h_2に対応する保護範囲

図3・2　保護角法による保護範囲

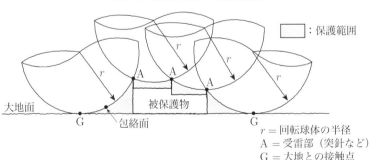

r = 回転球体の半径
A = 受雷部（突針など）
G = 大地との接触点

図3・3　回転球体法による保護範囲

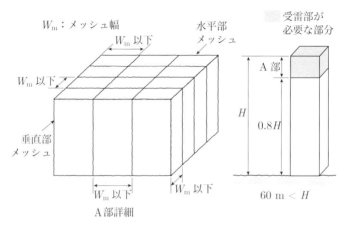

W_m：メッシュ幅　　水平部メッシュ

受雷部が必要な部分

A 部

H

$0.8H$

W_m 以下

W_m 以下

垂直部メッシュ

W_m 以下　　W_m 以下

A 部詳細

$60\ \mathrm{m} < H$

図3・4　メッシュ法による保護範囲

で用いて構成されるシステムである．また，受雷部システムの保護範囲は，保護角法，回転球体法，メッシュ法を一つ以上用いて検討される．受雷部システムの保護範囲を図3・2〜図3・4に示す．

　避雷針による保護例を図3・5〜図3・8に示す．

　水平導体・メッシュ導体による保護例を図3・9〜図3・12に示

図3・5　避雷針　　　　　図3・6　避雷針先端の突針

図3・7 避雷針による設備保護例1

図3・8 避雷針による設備保護例2

図3・9 水平導体による屋上部保護

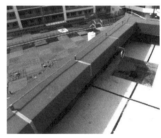
図3・10 水平導体によるパラペット保護

図3・11 メッシュ導体による屋根保護

図3・12 アルミ笠木受雷部

す．屋根および屋上階に設備機器等がない場所に用いられ，建築物を保護するものである．

(2) 引下げ導線システム

　雷電流を受雷部システムから接地極システムへ導くことを目的としたシステムである．建築物等の鉄筋または鉄骨等の構造体を利用することが一般的である．建築物の構造体が利用できない場合は，直接引下げ導線を外壁等に立ち下げる必要がある．

　鉄筋および鉄骨への接続例を図3・13〜図3・16に示す．

図3・13　鉄筋利用例1（柱鉄筋に溶接）

図3・14　鉄筋利用例2（柱鉄筋にクランプ）

図3・15　鉄骨利用例1（柱鉄骨に溶接）

図3・16　鉄骨利用例2（スタッドにクランプ）

(3)　接地極システム

　雷電流を大地に放流することを目的としたシステムである．接地極とは，大地と直接電気的に接触し，雷電流を大地に放流するものである．

　接地極には，600 × 600 × 1.5 t もしくは900 × 900 × 1.5 t の銅板が一般に使用される．接地棒の場合，14φ × 1 500の棒状電極を連結または並列に打設したものが一般に使用される．

　接地材料および接地施工例を図3・17〜図3・20に示す．

図3・17　接地銅板

図3・18　接地銅板の埋設例

図3・19　接地棒

図3・20　接地棒の埋設例

3 雷サージ対策

　構造体利用接地極は，建築物地下部分のコンクリート基礎内の相
互に接続した鉄筋または鉄骨等を利用した接地極である．

　引下げ導線との接続金物および接続例を図3・21〜図3・24に示す．

図3・21　鉄筋クランプ金物

図3・22　鉄骨クランプ金物

図3・23　地中梁筋と鉄骨間のクラ
　　　　　ンプ接続例

図3・24　地中梁筋と柱筋間のクラ
　　　　　ンプ接続例

（iii）雷保護システムに用いられる部材

　雷保護システムの構成部材は，雷電流の電磁力の影響および予想できるストレスに対して損傷してはならないとされており，表3・1に示す材料もしくは機械的，電気的および化学的（腐食）性能がこれらと同等以上である材料によって製造しなければならない．

　鉛は，コンクリート中で使用することはできない．また，アルミニウムは，地中およびコンクリート中で腐食しやすいため使用することはできない．なお，溶融亜鉛めっき鋼およびアルミニウムは，銅が電気分解対象になり，陰極で還元反応，陽極で酸化反応を起こすため，直接接触を避けることが望ましい．鉛では，銅，ステンレス，鋼が電気分解対象になる．

　一般に使用される受雷部システムおよび引下げ導線システムの材

表3・1　雷保護システムの材料および使用条件

材料	使用条件・注意事項	腐食条件・利点	腐食の影響が大きい条件
銅	気中，地中，コンクリート中で使用可	多くの環境で使用可	硫黄化合物，有機材料
溶融亜鉛めっき鋼	気中，地中，コンクリート中で使用可	空気中，コンクリート中，良性の土壌中で使用可	濃度の高い塩化物
銅めっき鋼	気中，地中，コンクリート中で使用可	多くの環境で使用可	硫黄化合物
ステンレス鋼	気中，地中，コンクリート中で使用可	多くの環境で使用可	濃度の高い塩化物
アルミニウム	気中で使用可	低い濃度の塩化物または硫化物環境で使用可	アルカリ性溶解物
鉛	気中，地中で使用可	高い濃度の硫化物環境で使用可	酸性土壌

3 雷サージ対策

表3・2　一般に使用される受電部システムおよび引下げ導線システムの材料

材料	形状	仕様	呼称断面積[mm²]
銅	より線	2.0 × 13	40
銅	より線	2.0 × 13	60
アルミ	より線	2.0 × 19	60
アルミ	より線	2.0 × 25	78

料を表3・2に示す.

　雷保護システムの施工に使用される部材を図3・25〜図3・34に示す.

図3・25　銅より線

図3・26　アルミより線

図3・27　パラペット用の水切り端子

図3・28　コンクリート中の水切り端子

図3・29　接続端子

図3・30　避雷導線と接続端子

図3・31　導線支持金具1

図3・32　導線支持金具2

図3・33　試験用端子箱と埋設標示板

図3・34　クランプ金物

（ⅳ）雷保護システムの設置基準

（1）　建築物等に対する雷保護

　建築基準法によって高さ20 mを超える建築物には，避雷設備の設置が義務付けられている．避雷設備の構造は，建築基準法関係告示（国交省告示）第650号により，JIS A 4201：2003に規定する外部雷保護システムが指定されている．図3・35に建築基準法による雷保護体系を示す．

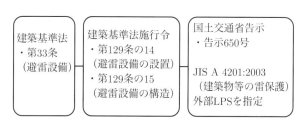

図3・35　建築基準法による雷保護体系

（2）　危険物施設に対する雷保護

　消防法によって危険物の指定数量の倍数が10以上の製造所，屋内貯蔵所，屋外タンク貯蔵所には，避雷設備の設置が義務付けられている．図3・36に消防法による雷保護体系を示す．

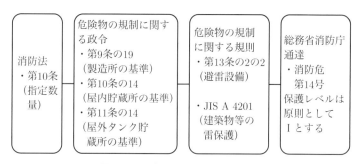

図3・36　消防法による雷保護体系

（v）雷保護システムの設計

雷保護システムの設計を行う際には，まず雷保護レベル（LPL：Lightning Protection Level）を決定する必要がある．雷保護システムの設計手順を図3・37に示す．新築および既設の建築物等では，選定した雷保護レベルによって雷保護システムのクラスを決定する．JIS A 4201：2003またはJIS Z 9290-3：2019に規定する保護対策は，設計のために選定した雷保護レベルの雷パラメータの範囲内の落雷に対して有効である．

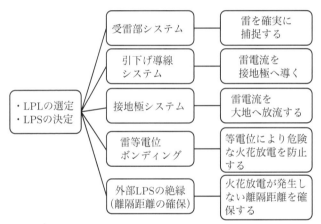

LPL：雷保護レベル，LPS：雷保護システム

図3・37 雷保護システムの設計手順

（1）雷保護レベルの選択において考慮する諸条件

雷保護レベルには四つのレベル（Ⅰ，Ⅱ，Ⅲ，Ⅳ）が導入されている．各雷保護レベルでは，最大電流波高値および最小電流波高値が定められており，想定される雷の発生確率に応じて各雷保護レベルが設定されている．雷保護レベルは，建築主，雷保護システム設計者お

LPL：雷保護レベル，LPS：雷保護システム

図3・38　雷保護レベル選択の流れと諸条件

よび建築設計者が，図3・38に示す手順で総合的に考慮して選定することが望ましい.

(2) 法規による雷保護レベルの選定

法規による雷保護レベルの選定を図3・39に示す. 建築物等に対しては，雷保護レベルをⅣ以上とし，危険物施設（製造所，屋内貯蔵所，屋外タンク貯蔵所）に対しては雷保護レベルをⅠとする. ただし，合理的な方法によって雷から保護している場合，雷保護レベルをⅡとすることができる. 20 m以下の建築物または指定数量10倍未満

建築物等	危険物施設
高さ20 mを超える建築物等	指定数量が10倍以上の危険物施設
保護レベルをⅣ以上とする	原則保護レベルをⅠとする

図3・39　雷保護レベルの選定基準

の危険物施設への雷保護システムの設置は任意であるが，設置することもできる．JIS Z 9290-3：2019でも同等の雷保護レベル選定が示されている．

(3) 雷保護システムのクラスの決定

　雷保護システムのクラスは，表3・3に従って選定する．雷保護システムのクラスは，選択した雷保護レベルのレベル以上のクラスを適用する必要がある．雷保護システムのクラスは，Ⅰ，Ⅱ，Ⅲ，Ⅳの四つに区分され，数字は，設計するための雷保護システムの等級を表している．雷保護システムのクラスの選定によって，雷保護システムの設計に用いる雷パラメータおよび設計に関連する数値が変わる．図3・40に一覧を示す．

表3・3　雷保護レベルのレベルに対応した雷保護システムのクラス

選定したLPLのレベル	適用可能なLPSのクラス
Ⅰ	Ⅰ
Ⅱ	Ⅰ，Ⅱ
Ⅲ	Ⅰ，Ⅱ，Ⅲ
Ⅳ	Ⅰ，Ⅱ，Ⅲ，Ⅳ

LPL：雷保護レベル，LPS：雷保護システム

（ⅵ）関連法規

　雷保護システムの設置基準について，建築基準法，消防法および関連法規等によって雷保護システムを設けることが規定されている．

(1) 建築基準法・施行令

① 建築基準法

　建築物の敷地，構造，設備および用途に関する最低の基準を定めて，国民の生命，健康および財産の保護を図り，もって公共の福祉

雷保護システムのクラスの決定で
数値が変わる項目

- ・雷電流パラメータの最大値
- ・雷電流パラメータの最小値
- ・回転球体半径，メッシュ幅および保護角度の値
- ・引下げ導線の平均間隔
- ・危険な火花放電に対応した離隔距離計算に関する係数
- ・接地極の最小長さ

雷保護システムのクラスの決定で
数値が変わらない項目

- ・受雷部システムにおける金属配管および金属板の
  最小厚さ
- ・受雷部，引下げ導線および接地極の材料，形状
  および最小寸法値
- ・雷保護システムの材料および使用条件
- ・接続導体の最小寸法値
- ・雷等電位ボンディングの実施要件

図3・40　雷保護システムのクラスの選定について

の増進に資することを目的とした法律である．雷保護システムに関する条文は次のとおりである．

・第33条（避雷設備）　高さ20 mを超える建築物には，有効に避雷設備を設けなければならない．

② 建築基準法施行令

建築基準法が日本国民の生命・健康・財産保護の最低基準を指し示す方針を掲げているのに対して，建築基準法施行令では建築基準法の規定を受けて，規定を実現するための具体的な方法や方策を定めている．

・第129条14（避雷設備の設置）　法第33条の規定による避雷設備は，

建築物の高さ20 mを超える部分を雷撃から保護するように設けなければならない.

・第129条の15（避雷設備の構造）　前条の避雷設備の構造は，次に掲げる基準に適合するものとしなければならない.

　　一　雷撃によって生ずる電流を建築物に被害を及ぼすことなく安全に地中に流すことができるものとして，国土交通大臣が定めた構造方法を用いるもの又は国土交通大臣の認定を受けたものであること.

③　国土交通省告示

国土交通大臣が定めた構造方法は，次のとおりである.

・平成17年国土交通省告示第650号（要約）「JIS A 4201-1992」を「JIS A 4201-2003に規定する外部雷保護システム」に改める.

　附則　二　改正後の平成12年建設省告示第1425号の規定の適用については，JIS A 4201-1992に適合する構造の避雷設備は，JIS A 4201-2003に規定する外部雷保護システムに適合するものとみなす.

(2)　消防法・関連政令等

①　消防法

　火災を予防し，警戒し及び鎮圧し，国民の生命，身体及び財産を火災から保護するとともに，火災又は地震等の災害による被害を軽減し，もつて安寧秩序を保持し，社会公共の福祉の増進に資することを目的とする法律である.

②　危険物の規制に関する政令

　危険物の規制に関して定めた政令である. 第9条（製造所の基準），第10条（屋内貯蔵所の基準），第11条（屋外タンク貯蔵所の基準）にそれぞれ設置基準があり，指定数量の倍数が10以上の（製造所，屋内

貯蔵所，屋外タンク貯蔵所）には，総務省令で定める避雷設備を設けること．としている．

③　危険物の規制に関する規則

　危険物の規制について定めた総理府令，消防法，危険物の規制に関する政令に基づき定められたものである．

・第13条の2の2（避雷設備）　総務省令で定める避雷設備は，JIS A 4201に適合するものとする．

④　消防通達（消防危第14号）：抜粋

　第4　その他の事項

(1)　危険物施設の保護レベルは，原則としてⅠとすること．ただし，雷の影響からの保護確率を考慮した合理的な方法により決定されている場合にあっては，保護レベルをⅡとすることができること．

(2)　省略

(3)　消防法令上必要とされる保安設備等は内部雷保護システムの対象とし，雷に対する保護を行うこと．

3.3　内部雷保護システム

（ⅰ）内部雷保護システムの概要

　外部雷保護システムによって建築物を直撃雷から保護することができても，引下げ導線を流れる雷電流によって，建築物内部の金属製工作物との間に電位差が発生する．この電位差によって，建築物内で火災や爆発を起こすような危険な火花放電が発生するリスクがある．そのため，接地を共通化して電位差を発生しないようにする雷等電位ボンディング，外部LPSの絶縁（離隔距離の確保）を基本とした保護システムをJIS Z 9290-3：2019では「内部雷保護システム」としている．

　内部雷保護システムは建築物内部の電気・電子機器を保護するものと考えられがちだが，JISの定義では建築物および内部の人命を保護することが目的である．

（ii）**火花放電の発生箇所**

　建築物に落雷があった場合，図3・41に示すように引下げ導線に雷電流が流れる．このとき，引下げ導線と建築物内の分電盤等の金属製工作物との間に電位差が発生し，建築物内で火災や爆発を起こすような危険な火花放電が発生するおそれがある．

　可燃性の粉体・液体・気体を取り扱っているような工場で，火花放電が起こると，これが着火の原因となって爆発・火災を引き起こすおそれがある．火花放電を発生させないためには，「雷等電位ボンディング」および「外部雷保護システムの絶縁（離隔距離の確保）」

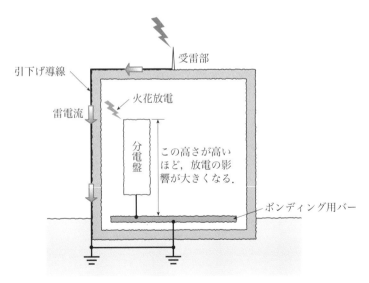

図3・41　火花放電の例

を確実に実施しなければならない.

(iii) 雷等電位ボンディング

　雷等電位ボンディングとは，金属製工作物等をボンディング導体で直接，またはSPDを介してボンディング用バーに接続することで，落雷により発生する危険な火花放電を発生させなくすることを目的としている．雷等電位ボンディングの建築物内接続イメージを図3・42に示す.

　図3・42に示すように，雷等電位ボンディングでは，建築物内部の金属製工作物や電源線・通信線などのメタル線をすべて電気的に接続する．また，電源線や通信線のように直接接続することができない箇所はSPDを用いて接続する.

　構造上電気的な連続性がない箇所に使用する相互接続部品をボンディング導体という．ボンディング導体は，容易に点検できるよう

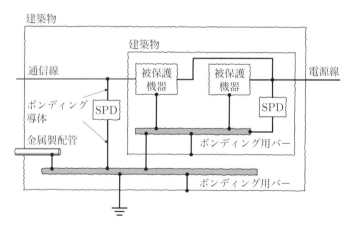

図3・42　雷等電位ボンディングの建築物内接続イメージ

に設計し，かつボンディング用バーに接続しなければならない (図3・

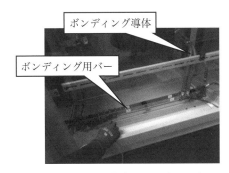

ボンディング導体

ボンディング用バー

図3・43　ボンディング導体とボンディング用バー

43).

　JIS Z 9290-3：2019では，ボンディング導体の最小断面積は次のとおり規定されている．

　①　複数のボンディング用バーを相互に接続する導体およびボンディング用バーと接地極システムとを接続する導体の最小断面積を表3・4に示す．

　②　建築物等の内部の金属製工作物とボンディング用バーとを接続するボンディング導体の最小断面積を表3・5に示す．

　ボンディング用バーの最小断面積についてはJIS Z 9290-4：2016に規定されており，『ボンディング用バー（銅，銅被覆鋼又はめっ

表3・4　複数のボンディング用バー相互，またはボンディング用バーと接地極システムとを接続する導体の最小断面積

雷保護システムのクラス	材料	最小断面積 [mm²]
I～IV	銅	14
	アルミニウム	22
	鉄	50

表3・5　建築物等内部の金属製工作物をボンディング用バーに接続する導体の最小断面積

雷保護システムのクラス	材料	最小断面積 [mm²]
Ⅰ～Ⅳ	銅	5
	アルミニウム	8
	鉄	14

き鋼）の最小断面積は50 mm²』とされている.

(ⅳ) 外部雷保護システムの絶縁（離隔距離の確保）

　建築物に落雷があった場合，雷等電位ボンディングが十分に実施されていないと各箇所で電位差が発生し，危険な火花放電が発生することがある．このことから，雷等電位ボンディングは非常に重要となる.

　また，分電盤等の金属製工作物の高さが高い場合，分電盤の筐体の雷等電位ボンディングが実施されていても，引下げ導線に雷電流の一部が侵入した際，分電盤の上部と引下げ導線の間には電位差が生じ，離隔距離が十分ではないと火花放電が発生する可能性がある.

　この火花放電のリスクを防ぐためには，外部雷保護システムとの離隔距離を確保する必要がある.

　離隔距離の算出は JIS Z 9290-3：2019 に規定されている計算式を用いる.

$$s = \frac{k_i}{k_m} \times k_c \times l \tag{3.1}$$

ここで，

　s：離隔距離 [m]

　k_i：選定した雷保護システムのクラスに関わる係数（表3・6）

　k_m：電気絶縁材料に関わる係数（表3・7）

k_c：受雷部および引下げ導線に流れる部分雷電流に関わる係数
　（表3・8）

l：受雷部および引下げ導線に沿い，離隔距離を考慮する点から，
　直近の雷等電位ボンディング点または接地極までの長さ [m]

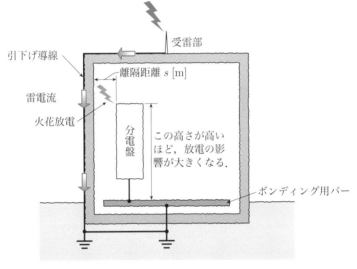

図3・44 外部雷保護システムと離隔距離（イメージ図）

表3・6 選定した雷保護システムのクラスに関わる係数 k_i の値

雷保護システムのクラス	k_i
I	0.08
II	0.06
IIIおよびIV	0.04

表3・7　電気絶縁材料に関わる係数 k_m の値

材料	k_m
空気	1
コンクリート，レンガ，木材	0.5

注記1　複数の絶縁材料が重なっている場合，低い値の k_m を使用するのがよい．
注記2　他の絶縁材料を使う場合，材料の製造業者が構造物の仕様書および k_m の値を提供することが望ましい．

表3・8　受電部および引下げ導線を流れる部分雷電流に関わる係数 k_c の値

引下げ導線の総数 n	k_c
1	1
2	0.66
3以上	0.44

注記　表の値は，すべてのB形接地極，および隣接する接地極の接地抵抗が2倍以下となるA形接地極に適用する．接地極の接地抵抗が2倍以上となる場合，$k_c = 1$ とみなす．

　各ケースの配置例を図3・45と図3・46に示し，離隔距離の計算例を次に示す．

(1)　分離した外部雷保護システムの離隔距離 s の計算例

　諸量を次のようにすると，

　　k_i：0.04（クラスⅣとする）

　　k_m：1（被保護物と外部雷保護システムの間は空気とする）

　　k_c：1（引下げ導線の総数を1とする）

　　l：4（建築物の高さを4 mとする）

$$s = \frac{k_i}{k_m} \times k_c \times l = \frac{0.04}{1} \times 1 \times 4 = 0.16$$

よって，離隔距離 $s = 0.16$ m

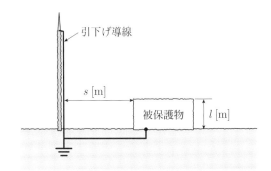

図3・45 分離した外部雷保護システムと被保護物の配置図

　したがって，上記の場合，離隔距離を0.16 m以上とする必要がある.

(2)　分離しない外部雷保護システムの離隔距離sの計算例

　　k_i：0.06（クラスⅡとする）

　　k_m：1（被保護物と外部雷保護システムの間は空気とする）

　　k_c：受電部システムをメッシュとしてJIS Z 9290-3：2019附属書C図C2により次のとおり求める.

$$k_c = \frac{1}{2n} + 0.1 + 0.2 \times \sqrt[3]{\frac{c}{h}} \tag{3.2}$$

　　n：6（引下げ導線の総数）

　　c：10（引下げ導線の間隔）

　　h：5（受電部と接地極との距離）

$$\therefore \quad k_c = \frac{1}{2\times 6} + 0.1 + 0.2 \times \sqrt[3]{\frac{10}{5}} = 0.44$$

　　l：3（床面から被保護物までの距離）

$$s = \frac{k_i}{k_m} \times k_c \times l = \frac{0.06}{1} \times 0.44 \times 3 = 0.08$$

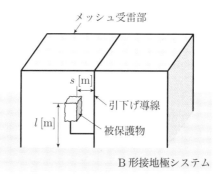

図3・46 分離しない外部雷保護システムと被保護物の配置図

よって，離隔距離 $s = 0.08$ m

したがって，上記の場合，離隔距離を 0.08 m以上とする必要がある．

3.4 電気・電子機器の雷サージ対策

(i) 雷サージ対策の基本的な考え方

さまざまな要因で発生した雷サージは，建築物に引き込まれている電源線や通信線などのメタル線を介して侵入し，電気・電子機器を破損させる．読者の中にも PC，エアコン，電話などが，雷によって壊れた経験があるかもしれない．ここでは，雷サージの低減方法や侵入してくる雷サージに対してどのような手段を講じ，電気・電子機器を保護するのかについて説明する．

(1) 耐電圧とは

雷サージから電気・電子機器を保護するためには，まず機器の耐電圧を確認する必要がある．耐電圧とは，機器が固有にもっている電圧に対する限界値であり，絶縁耐力とも呼ばれる．

　機器は，基本的に電気を導くための導体部と電気を妨げるための絶縁体部から構成される．この絶縁体部が，電圧に対して十分な絶縁が保たれていなければ，感電や火災が発生する可能性がある．そのため，製造メーカは，機器ごとに安全規格に沿った耐電圧試験を行い，機器の安全性を確認している．

　耐電圧試験は，商用周波耐電圧試験とインパルス耐電圧試験がある．商用周波耐電圧試験とは，電力会社から一般に供給される電源周波数（50 Hzまたは60 Hz）での試験であり，その機器の公称電圧（通常使用する電圧）の10倍から20倍の交流電圧または直流電圧を規定された時間だけ加え，機器が絶縁破壊するかを確認する．

　一方，インパルス耐電圧試験とは，雷サージなどの瞬間的な過電圧を想定し，規定されたインパルス電圧波形を加え，機器が絶縁破壊するかを確認する．表3・9に低圧機材の絶縁性能[1]を示す．

　表3・9のとおり，機器のインパルス耐電圧については規格化されていないことが多いため，仕様書などにも記載されていないことが多い．このような場合は，表3・10に示すようにJIS C 60364-4-44：2011に低圧電源回路に接続する機器のインパルス耐電圧が規定されているため，電源回路の対策の参考となる．

　また，電気・電子機器の耐電圧は，図3・47に示すように壁としてイメージすることができる．メタル線などから侵入した異常電圧が，ノイズのようにこの耐電圧よりも低い場合，機器には何も起こらない．しかし，雷サージのように高い異常電圧が侵入した場合，この耐電圧の壁を越えてしまうため機器は壊れてしまう．

　雷サージから電気・電子機器を保護するためには，図3・1に示したように「磁気遮へいと配線ルート」，「雷保護ゾーン（LPZ）」，「接地と雷等電位ボンディング」について検討し，発生する雷サー

3 雷サージ対策

表3・9　低圧機材の絶縁性能[1]（規格改定に伴い，一部数値修正）

	品名	商用周波耐電圧	インパルス耐電圧	参考規格
電線・ケーブル	ビニルコード	（水中）1 000 V 1分	—	電気用品の技術基準別表第一
		（水中）1 000 V 1分	—	JIS C 3306：2000
		（空中）2 000 V 1分		
		（スパーク）5 000 V 0.15秒		
	IV線	（水中）8 mm² 以下1 500 V 1分	—	電気用品の技術基準別表第一
		32 mm² 以下1 500 V 1分		
		100 mm² 以下2 500 V 1分		
		（水中）1 500〜3 500 V 1分	—	JIS C 3307：2000
	VVケーブル	IV電線と同じ		電気用品の技術基準別表第一
		（水中）1 500〜3 500 V 1分		JIS C 3342：2012
		（空中）3 000〜7 000 V 1分		
		（スパーク）7 500〜17 500 V 0.15秒		
	DV線	（空中）3 000〜4 000 V 1分		JIS C 3341：2000
		導体相互間		
		（水中）1 500〜2 500 V 1分		
		大地間		
計器	WHM（単独）	2 000 V 1分	6 000 V	JIS C 1211-1：2009
	WHM（変成器付）	2 000 V 1分	6 000 V（CT付）5 000 V（PCT付）	JIS C 1216-1：2009
配線器具	配線器具としての共通	2E＋1 000 V 1分	6 000 V	電気用品の技術基準別表第四
	配線用遮断器	定格電圧300 V以下：2 000 V		JIS C 8211：2020
		600 V以下：2 500 V		
	漏電遮断器	定格電圧300 V以下：2 000 V	7 000 V（附属書2）6 000 V，8 000 V	JIS C 8221（OCなし）：2020 JIS C 8222（OC付）：2004
		600 V以下：2 500 V		
住宅用分電盤		1 500 V 1分	—	JIS C 8328

出典：電気・電子機器へ雷保険　表4.1.2

表3・10　機器の必要な定格インパルス耐電圧

設備の公称電圧[a] V		必要なインパルス耐電圧[b] kV			
三相系統	単相3線系統	設備の源点の機器（過電圧カテゴリIV）	幹線および分岐回路の機器（過電圧カテゴリIII）	電気器具および電気使用機器（過電圧カテゴリII）	特別に保護される機器（過電圧カテゴリI）
—	120-240	4	2.5	1.5	0.8
230/400 277/480	—	6	4	2.5	1.5
400/690	—	8	6	4	2.5
1 000	—	12	8	6	4

注[a]　IEC 60038による.
　[b]　［対応国際規格の注[b]のサムカントリーノートに関する規定は，JISでは不要のため，不採用とした.］
　[c]　このインパルス耐電圧は，線導体とPEとの間に適用する.

出典：JIS C 60364-4-44：2011 表44.B

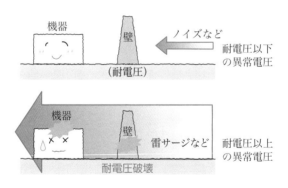

図3・47　電気・電子機器が壊れる原因

ジを低減させる必要がある．また，各回線に侵入した雷サージについては，「電源系回路の保護設計」，「通信系回路の保護設計」として雷保護装置を使用し，機器の耐電圧以上の電圧が機器に加わらないようにすることが重要となってくる．雷保護装置は，放流形と絶縁形とに分けられる．放流形雷保護装置はSPDなどがあり，絶縁形雷保護装置には耐雷トランスなどがある．各製品の詳細については3.4.(ii)項にて説明する．

(2)　磁気遮へいと配線ルート

2.1項にて記載したが，雷サージは直撃雷だけでなく電磁誘導で発生する誘導雷に対しても対策を講じる必要がある．誘導雷は，雷電流によって発生する磁束が，メタル線などで構成される誘導ループの面積に対してどのくらい交わるかで発生する電圧が変わる．すなわち，雷電流が大きければ発生する磁束が多くなり，誘導ループの面積が大きくなれば交わる磁束が多くなるため，発生する電圧は大きくなる．誘導雷は，メタル線で構成される誘導ループの面積を小さくすることで低減することができる．もしくは，メタル線を磁気遮へい効果のある金属管・ケーブルダクトなどで覆うことやシールド付ケーブルを使用し，それらの両端を接地することでメタル線への磁界の影響を低減することができる．または，両方の方法での組合せを採用することによって低減することができる．

JIS Z 9290-4：2016では，四つの例を挙げて説明している．図3・48に示す保護していないシステムは，磁気遮へい効果のない木造建築物を想定しており，金属製筐体の各機器に電源線，信号線が接続されており，誘導ループ領域が構成されているため，誘導雷対策が検討されていない状態である．

図3・49に示す空間遮へいによる内部雷保護ゾーン内の磁界の低

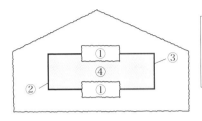

図3・48　保護していないシステム

凡例
① 金属製筐体の機器
② 電源線
③ 信号線
④ 誘導ループ領域

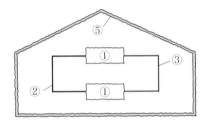

図3・49　空間遮へいによる内部雷保護ゾーン内の磁界の低減

凡例
① 金属製筐体の機器
② 電源線
③ 信号線
⑤ 空間遮へい

減は，詳細は(3)にて説明するが雷保護ゾーンと呼ばれる考えを基に，磁気遮へい効果のある鉄筋・鉄骨造の建築物を想定している．金属製筐体の各機器に電源線，信号線が接続されており，誘導ループ領域，空間遮へいにて構成されている．つまり，建築物による磁気遮へいが施されている状態である．

　図3・50に示す配線の遮へいによる線路の磁界の影響低減は，メタル線を磁気遮へい効果のある金属管・ケーブルダクトなどで覆うことを想定している．金属製筐体の各機器に電源線，信号線が接続されており，これらのケーブルには配線の遮へいが施されている．配線を磁気遮へいすることによって，誘導ループ領域がなくなっている．つまり，メタル線に磁気遮へいが施されている状態である．

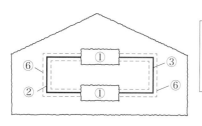

図3・50 配線の遮へいによる線路の磁界の影響低減

　図3・51に示す適切な配線経路による誘導ループ面積の低減は，メタル線の配線経路を検討することで誘導ループ面積を狭くすることを表している．金属製筐体の各機器に電源線，信号線が沿わせるように接続されているため，低減した誘導ループ領域が形成されている．つまり，メタル線の配線経路を工夫することにより，誘導ループ領域の面積を低減している状態である．ただし，電源線と信号線を近接して配線した場合，電源線からの影響で信号線にノイズが発生する可能性もあるため，分離セパレータやシールド付ケーブルを使用するなどの配慮も必要になる場合がある．

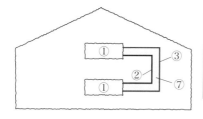

図3・51 適切な配線経路による誘導ループ面積の低減

(3) 雷保護ゾーン（LPZ）

(2)では，機器の配線について検討することで磁界の影響を低減させ，発生する電圧を低減する手法について述べた．ここでは，雷保護ゾーンについて説明する．雷保護ゾーンは，雷の影響度によって建築物内外のゾーンを区分け設定したものである．この区分けしたゾーンの各境界に雷サージ対策を施すことにより，雷の影響を段階的に低減させ，機器を保護することができる．言い換えるならば，鉄筋コンクリートの壁や金属製筐体などによる磁気遮へい，またはケーブル引込み口にSPDを設置することで，雷保護ゾーンの境界が決定されゾーンが区分けされる．

図3・52は建築物を雷保護ゾーンの考えに基づき各ゾーンを分割した例である．

LPZ 0_Aは雷保護システムの保護範囲外であり，また屋外であることから建築物などによる磁気遮へい効果が得られないため，直撃雷および雷による全電電磁界の影響を受けるゾーンである．そのため，このゾーンの設備は，直撃雷やメタル線から侵入する全雷電流の影響を受ける可能性がある．

LPZ 0_Bは雷保護システムの保護範囲内であるため直撃雷からは保護されているが，屋外であることから建築物などによる磁気遮へい効果が得られないゾーンである．そのため，このゾーンの設備は，メタル線から侵入する全雷電流の影響を受ける可能性がある．また，これらのLPZ 0_AおよびLPZ 0_Bを合わせてLPZ 0と総称することもある．

LPZ 1は鉄筋・鉄骨造の建築物の内部であるため，直撃雷からは保護されており，鉄筋コンクリートの壁などによる磁気遮へい効果もあるゾーンである．また，LPZ 0との境界にSPDなどの雷

図3・52　建築物を雷保護ゾーンの考えに基づき各ゾーンを分割した例

保護装置を設置している．そのため，このゾーンの設備は，LPZ 0
と比較して，磁界の影響が低減され，メタル線から侵入する雷電流
の影響も低減される．

　LPZ 2はLPZ 1の内側であるため，追加の鉄筋コンクリートの
壁などによるさらなる磁気遮へい効果があるゾーンである．また，
LPZ 1との境界に追加のSPDなどの雷保護装置を設置している．
そのため，このゾーンの設備は，LPZ 1と比較して，磁界の影響
が低減され，メタル線から侵入する雷電流の影響も低減される．以

降，LPZの数値が増えるにしたがって，磁界や侵入する雷電流の影響が低減されるゾーンとなる．なお，各ゾーンの境界に設置する雷保護装置については3.4(ii)項に記載し，雷等電位ボンディングについては3.3項に詳細を述べた．

(ii) 雷保護装置

雷保護装置とは，主にSPDや耐雷トランスのことをいう．また，電気・電子機器の内部の雷サージ対策として雷防護素子が用いられることがあるが，この素子を単体または組み合わせることでSPDは構成される．本項では各種雷保護装置について説明する

(1) SPD（Surge Protective Device：サージ防護デバイス）

(a) 電源用SPD

電源用のSPDはJIS C 5381-11：2014にてクラス分けされており，直撃雷の部分雷電流波形に対応したクラスⅠ試験対応SPD，誘導雷の雷電流波形に対応したクラスⅡ試験対応SPDおよびクラスⅢ試験対応SPDがある．図3・53～図3・55に製品例を示す．

図3・53　クラスⅠ試験対応SPD

3 雷サージ対策

図3・54　クラスⅡ試験対応SPD

図3・55　クラスⅢ試験対応SPD

　電源用SPDは，主にGDT（Gas Discharge Tube：ガス入り放電管），MOV（Metal Oxide Varistor：金属酸化物バリスタ）などの雷防護素子を用いて構成される．SPDに雷サージが繰り返し侵入すると，SPD内部の雷防護素子が劣化する可能性がある．特にMOVを単体で設置している場合に劣化が進行すると，バリスタ電圧（直流電流1 mAを通電したときの端子間電圧）が徐々に低下し，MOVが焼損するおそれがある．このため，MOVの劣化時に回路からMOVを切り離す内部分離器機構が設けられている．しかし，MOVの内部分離器の性能が十分でない場合，MOVが焼損することがある．こ

の対策として，電源用SPDを電源線路から速やかに切り離す外部分離器を設置することで，より安全な保護回路を構成できる．図3・56に外部分離器の製品例を示す．

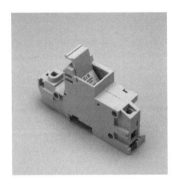

図3・56 外部分離器

最近は，内部分離器の性能が向上したMOVタイプSPDも開発され，AC 250 A程度まで単独遮断する技術を有している製品もある．また，この遮断能力を向上させたSPDと新技術のヒューズを使用した外部分離器との組合せは，図3・57に示すようにヒューズの電流遮断領域とSPDの電流遮断領域が重なる領域ができてブラインドスポットがなくなるため，既存の技術では最も安全な組合せと考えられている．

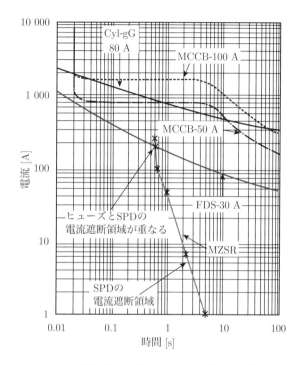

図3・57　各種外部分離器とSPDの電流遮断領域比較

(b)　通信・信号用SPD

　スマートフォンなどの通信機器は通信速度が年々高速化され，伝送周波数が高くなっている．また，電気・電子機器は，小形化を要求され基板の高密度実装化，半導体素子の高集積化が進み，雷サージなどの異常電圧に対しては脆弱化傾向にある．したがって，通信・信号用SPDは，信号の減衰を抑えるため静電容量を小さくし，かつ低い電圧に雷サージを制限することが要求される．

　通信・信号回線は，機器の回線仕様によって電圧，電流や周波数

図3・58　通信・信号用SPD

だけでなく，LANケーブル，同軸回線についてはメタル線を接続するコネクタ形状も変わるため，仕様を正確に確認しSPDを選定する必要がある．図3・58に通信・信号用SPDの製品例を示す．

① 電話用SPD

PBX（電話交換機）には外線・内線多数の電話線が接続され，これら電話線がさまざまな箇所に延びているので，雷サージの影響を受けて電話機やFAX等が破損することがある．雷サージ対策の際は，PBXの外線が接続されるMDF（Main Distribution Frame：主配線盤）や内線が接続される弱電端子盤などに電話用SPDを設置する．なお，電話回線専用の端子盤が使用されている場合は，端子盤に直接挿入できるSPDもある．図3・59に製品例と使用例を示す．

② LAN用SPD

IoT化により，LANケーブルを使用して運用する機器が年々増加している．LANケーブルで接続されるネットワーク機器はあらゆる場所に設置されるため，雷サージが侵入するおそれがある．図3・60に示すLAN用SPDを用いることで雷サージから機器を保護する．LAN用SPDには接地が必要な放流形と，接地が不要な絶縁

(a) 電話用SPD

(b) 使用例

図3・59 電話用SPD（電話回線専用）

図3・60 LAN用SPD（放流形）

形とがある.

③ 同軸用SPD

・放流形

　テレビや無線機器には同軸線が使用され，アンテナは通常高い場所に設置するため，落雷の影響を受けやすい．同軸線には図3・61に示すような放流形の同軸用SPDを用いることで雷サージから機器を保護する.

図3・61　放流形同軸用SPD

・絶縁形

　無線鉄塔は直撃雷のリスクがあり，同軸線を経由して無線局舎内へ雷サージが侵入する可能性がある．局舎内への雷サージの侵入を防ぐ方法として，通信に必要な信号だけを通過させ，さらに高耐電圧化された絶縁形同軸用SPDの設置が非常に効果的である．図3・62に絶縁形同軸用SPDの製品例を示す．

　また，GPSアンテナにも雷サージが侵入する可能性がある．一般的なGPSアンテナポートの耐電圧は10〜20 Vと低く，異常電圧に対して非常に弱いため，放流形の同軸用SPDでは機器が保護できない場合がある．したがって，GPSアンテナポート専用のSPD

図3・62　絶縁形同軸用SPD

図3・63　GPSアンテナポート用SPD

が非常に効果的である．図3・63にGPSアンテナポート用SPDの
製品例を示す．

　同軸用SPDを選定する際は，主に周波数帯域，特性インピーダ
ンス，保護対象機器のコネクタ形状に合わせてSPDを選択する必
要がある．

(c)　接地間用SPD

　建築物の各々の接地極が単独接地の場合，接地間電位差により機
器が雷被害を受ける可能性があるため，雷等電位ボンディングを施
す必要がある．ノイズ等の影響で接地極同士の直接接続が困難な場
合は，図3・64に示すような接地間用SPDを用いることで雷サー
ジによる接地間の電位差を低減することができる．通常はそれぞれ

図3・64　接地間用SPD

の単独接地の機能を活かしつつ，雷サージが侵入した際は接地間用
SPDが短絡状態となり，接地間の等電位化が図られる．

(d)　Smart SPD

　SPDへ雷サージが繰り返し侵入することで使用されている雷防
護素子が劣化する可能性があることは前述したが，劣化したSPD
の使用を継続すると機器を保護できなくなるだけでなく，SPDが
焼損するおそれがある．そのため，SPDは雷サージが侵入した際
の臨時点検や一定期間ごとの定期点検を行うことにより，劣化が
認められた場合は交換する必要がある．従来はSPDの劣化表示窓
の確認や劣化警報接点出力の有無の確認，専用の測定器を用いた
SPD内部の雷防護素子の電気的な特性確認などを行う必要があった．

　Smart SPDは，SPDの劣化度合いを雷サージの侵入回数，雷
電流の大きさから判定し，交換推奨時期を表示する機能の付いた
SPDである．SPDが製品仕様範囲内の状態であっても，素子の劣
化は進行するため，劣化度合いを算出して交換を推奨する時期をお
知らせする．SPDが故障する前に交換することで，SPDによる雷
防護機能を継続させ，安全で確実に雷サージから機器を保護するこ
とができる．製品例を図3・65〜図3・67に示す．

(2)　耐雷トランス

　耐雷トランスは，雷サージに対して一次側（電源側）と二次側（機
器側）の絶縁を確保し，機器側への雷サージ侵入を防ぐことから絶
縁形雷保護装置とも呼ばれる．一般的なトランスと耐雷トランスと
の違いは，一次巻線と接地間および一次巻線と二次巻線間が高耐電
圧で絶縁されていることである．電源用耐雷トランスの製品の多く
はインパルス耐電圧1.2/50 μs・30 kVの性能を有している．

　一次巻線と二次巻線の間に鉄板等で静電遮へいシールドを設け接

図3・65　電源用Smart SPD

図3・66　通信・信号用Smart SPD

地し，一次巻線，二次巻線と接地間，一次巻線と二次巻線間の静電容量の分圧効果によりサージ移行率を低減することができる．一次巻線と接地間に印加された雷サージを V_1 [V]，二次巻線と接地間に出力される雷サージを V_2 [V] とすると，弊社製品では V_2 は V_1 の $1/1\,000$ 以下となり，V_1 が $10\,\mathrm{kV}$ の場合，V_2 は $10\,\mathrm{V}$ 以下となる．

このように，被保護機器に印加される雷サージは電源用SPDの動作電圧より低くなるため，電源用耐雷トランスは，山頂の無線中継所などにおける電源系の雷サージ対策として多くの実績がある．製

図3・67　自動火災報知設備用Smart SPD

品例を図3・68に示す．最近では19インチラックに収容可能な製品も開発されており，サーバルームの電源系の雷サージ対策として多く使用されている．19インチラック用対雷トランスの製品例を図3・69に示す．

図3・68　耐雷トランス

3　雷サージ対策

図3・69　19インチラック用耐雷トランス

⑶　雷防護素子

　雷防護素子は主に機器の基板などに実装され，保護したい回路に
雷サージなどが侵入した際に動作して雷サージを抑制する．通常は
図3・70(c)〜(a)に示すように，保護したい回路の線間または接地間，
あるいはその両方に設置する．代表的な雷防護素子にはGDT，
MOV以外にもABD（アバランシブレークダウンダイオード），TSS（サー
ジ防護サイリスタ）などがあるが，ここではGDTとMOVについて
説明する．GDTは金属電極とセラミックなどの外囲器で構成され，
内部にはネオンやアルゴンなどの不活性ガスが封入されている．雷
サージが印加されると，GDTは瞬時に放電を開始してアーク放電
となり，その電圧は数十Vである．この動作特性からGDTは電圧
スイッチング形素子と呼ばれる．一方，MOVは酸化亜鉛（ZnO）
を主成分とした金属酸化物で構成されているものが多く，雷サージ
が増加すると連続的にインピーダンスが低くなる．この動作特性か
ら，MOVは電圧制御形素子と呼ばれる．GDT，MOVは単体，
両者の組合せだけでなく抵抗，ヒューズなどの素子と組み合わせて
使用することもある．形状も使用する機器に合わせてリード線タイ

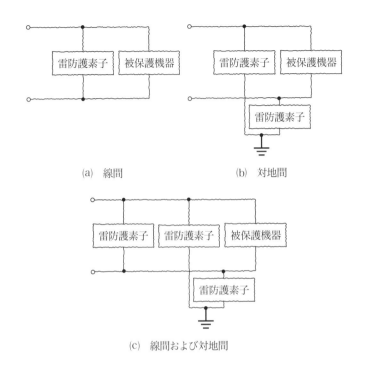

(a) 線間　　　　　　　(b) 対地間

(c) 線間および対地間

図3・70　雷防護素子の使用例

プ，面実装タイプがある．製品例を図3・71および図3・72に示す．
　GDTを使用する際，基本的には電源回路に単体で使用しない．
GDTを単体で電源回路に使用した場合，雷サージが印加されると，
GDTの放電中に電源回路の電流が供給されることによって放電が
止まらなくなり，電流が流れ続ける続流現象が発生することがある．
また，交流回路でGDTを使用する場合は，MOV等の素子を直列
に接続して続流を防止する必要がある．交流回路での使用を目的と
したGDT，MOV一体型の素子もある．製品例を図3・73に示す．

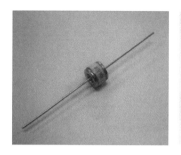

図3・71　GDT（リード線タイプ，左：2極，右：3極）

図3・72　GDT（面実装タイプ，左：2極，右：3極）

図3・73　GDT・MOV一体型素子（左：2極，右：3極）

3.5 電気・電子機器の雷サージ対策例

(i) 各設備の雷保護例

(1) 電源設備の雷保護

　例えば工場において，図3・74に示すように高圧受電している場合，受電容量によっては，高圧側に高圧避雷器が設置されている場合がある．ただし，高圧避雷器は高圧設備を保護する目的で設置しているため，高圧トランスの二次側（負荷側）の低圧電源線には，低圧電源用SPD（以下，電源用SPDと示す）が必要である．また，SPDの設置位置より10 m以上離れる場合，配線分の振動現象の影響を考慮して追加でSPDを設置することが望ましい．このため，機器の直近または機器がある部屋の分電盤には，別途電源用SPDを追加設置することが望ましい．

　また，電気室または高圧受電設備内部には，電気設備技術基準・解釈で定められたA種〜D種接地，このほか通信設備の接地極などに応じて接地端子が設けられており，これらの接地端子が単独接地の場合，接地間電位差により，機器が雷被害を受ける可能性がある．このため，電気設備技術基準・解釈などを参照のうえ，直接連接しても問題ない接地端子は連接を行い，直接連接することができない（例えばノイズの影響を受けやすい機器など）接地端子に対しては，接地間用SPDを介して対策を行うとよい．

(2) 電話設備の雷保護

　電話設備は，主にPBX（電話交換機），MDF（主配線盤）およびIDF（中間配線盤），電話機などで構成されている．PBXには装置を駆動させるための電源線のほか，電話線（外線および内線）が接続している．これらの電源線，通信線のほか接地線も雷サージの侵入

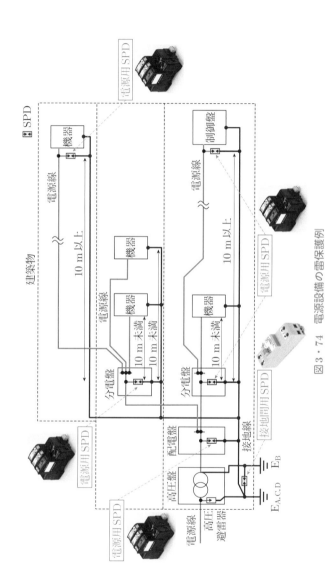

図 3・74　電源設備の雷保護例

経路となる.

　なお，外線側には加入者保安器が設置されているが，加入者保安器のみでは電話設備を保護できない場合があることから，加入者保安器の二次側に別途電話用SPDを設置する．工場やビルなどは，MDFおよびIDFに多数の外線および内線が接続していることから，省スペースで多回線を接続できる電話回線専用の端子盤を用いる場合が多く，これらの端子盤専用に開発された電話用SPDがある.

　SPDの設置箇所としては，図3・75に示すように，PBXの保護のためMDFに電話用SPDの設置を行い，各電話機の保護のため，IDFにおいても電話用SPDを設置する.

(3) ネットワーク設備の雷保護

　ネットワーク設備は，サーバ，モデム，HUBおよびPCなどがある．これらの機器にはLANケーブルのほか，モデムには専用線が接続している場合がある．さらに，各設備を駆動させるための電源線が接続している．これらのケーブルが雷サージの侵入経路となる可能性があるため，図3・76に示すように，それぞれの機器の直近にLAN用SPDを設置する.

　なお，サーバルームのような重要設備が設置されている部屋の電源線は，電源用SPDを設置する雷サージ対策以外に，耐雷トランスを設置することで，雷サージを絶縁して機器を保護する.

(4) ITV (Industrial Television) 設備の雷保護

　ITV設備は，防犯対策の一つとして監視カメラを用いて監視を行う設備のことであり，監視カメラ本体のほか，伝送された画像データを録画するレコーダ，画像を表示するモニタなどから構成されている．これらの装置を駆動させるための電源線のほか，画像を伝送する同軸線またはLANケーブルが接続されている．このほか，監

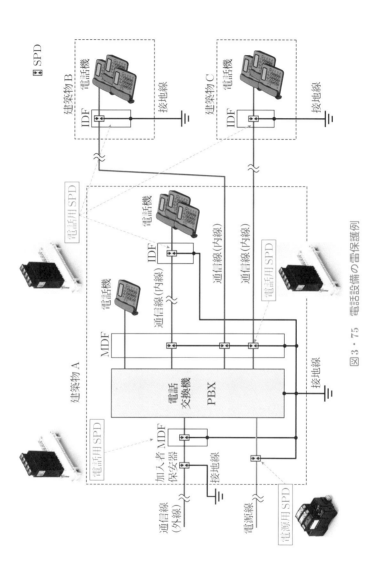

図3・75 電話設備の雷保護例

⊞ SPD

電源用SPD

電話用SPD

電話用SPD

電話用SPD

建築物B
電話機
IDF
接地線

建築物C
電話機
IDF
接地線

建築物A
電話機
電話機
IDF
通信線(内線)
通信線(内線)
通信線(内線)
MDF
電話交換機 PBX
接地線
加入者保安器 MDF
接地線
通信線(外線)
電源線

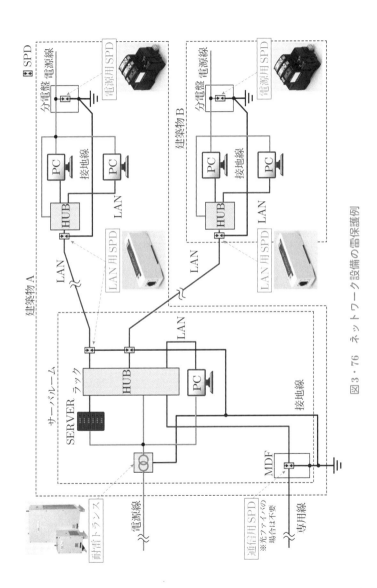

図3・76 ネットワーク設備の雷保護例

視カメラを制御する制御線が接続される場合もある．なお，監視カメラの種類によっては同軸線またはLANケーブルに電源を重畳させて伝送させている場合があり，この場合カメラ駆動のための電源線が不要となることから，最近ではこのタイプの監視カメラが多く見受けられるようになった．

　屋外の監視カメラと建築物内部の各機器と接続されるケーブルは雷サージが侵入する可能性が高いため，図3・77に示すように，それぞれの機器の直近にSPDを設置する．

⑸　防災設備の雷保護

　防災設備は防災監視盤を中心に副受信機のほか，感知器やベルなどの端末機器から構成されている．防災監視盤および副受信機は，駆動させるための電源線，通信線のほか，接地線が接続している．また，端末機器には通信線が接続している．これらのメタル線に雷サージが侵入する可能性があるため，図3・78に示すように，それぞれの直近に電源用SPDおよび通信・信号用SPDを設置する．なお，端末機器については，設置数量が多く，費用対効果を考慮してSPDを省略する場合が多い．

⒤⒤　建築物・施設全体の雷保護例

⑴　一般家庭の雷保護

　一般家庭では建築物内部の電気・電子機器を保護するため，SPDを設置するときに，接地線が簡単に接続できないことが考えられる．そのような状況の場合は同軸線—電源線バイパス方式または通信線—電源線バイパス方式を用いたSPD（図3・79では一般家庭用SPDと記載）を使用するとよい．

　図3・79に一般家庭におけるSPDを用いた雷保護例を示す．分電盤には電源線が接続しているため電源用SPDを設置し，テレビ

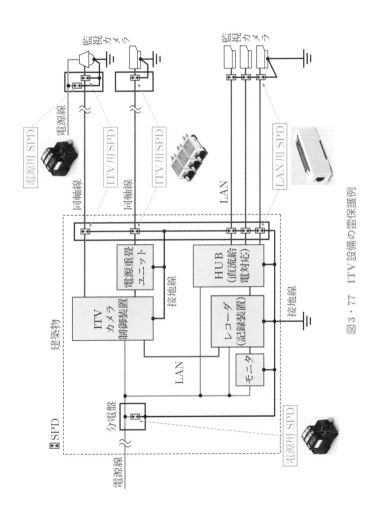

図3・77 ITV設備の雷保護例

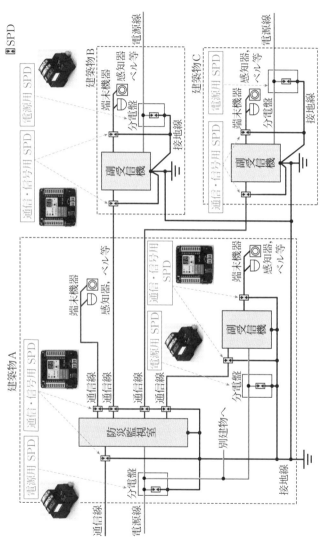

図3・78　防災設備の雷保護例

凡SPD

建築物B

通信・信号用 SPD　電源用 SPD

端末機器　感知器，ベル等　電源線

分電盤　接地線

副受信機

建築物C

電源用 SPD　端末機器　感知器，ベル等　電源線

通信・信号用 SPD　分電盤　接地線

副受信機

建築物A

通信・信号用 SPD　電源用 SPD

端末機器　感知器，ベル等

通信・信号用 SPD　端末機器　感知器，ベル等

副受信機

電源用 SPD　分電盤

防災監視室

通信線　通信線　通信線　通信線

別建物へ

電源用 SPD　分電盤　接地線

通信線　電源線

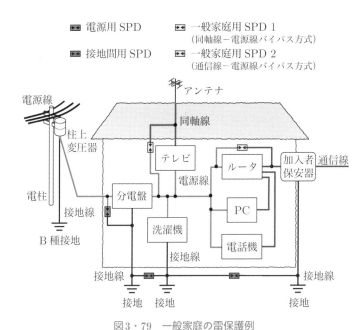

図3・79　一般家庭の雷保護例

にはテレビアンテナからの同軸線および電源線が接続しているため，
同軸線—電源線バイパス方式を用いた一般家庭用SPDを設置する．
また，ルータや多機能電話機のように通信線および電源線が接続さ
れる場合，通信線—電源線バイパス方式を用いた一般家庭用SPD
を設置する．また，分電盤の接地，洗濯機の接地，加入者保安器の
接地が単独接地の場合，接地間電位差が発生する可能性があること
から，接地間用SPDを接続することで，各接地極間の等電位化を
図る．

⑵　太陽光発電設備の雷保護

　太陽光発電設備のなかで，PCSを保護する場合は，PCSに接続

3 雷サージ対策

する電源線（DC側およびAC側），通信線（計測，監視，警報接点など）とPCSの接地端子との間に対してSPDを設置する．図3・80に

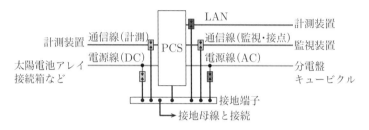

図3・80　PCSの雷保護例

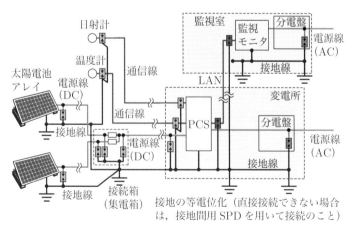

図3・81　太陽光発電設備の雷保護例

PCSの雷保護例を示す．

　また，接続箱に設置される逆流防止用ダイオードや，太陽電池アレイに設置されるバイパスダイオードなどはPCSからの距離が離れている場合が多く，PCSの直近に設置したSPDだけでは，これらのダイオードの保護ができない可能性がある．そのため，接続箱にSPDが設置されていない場合，SPDを設置する必要があるが，太陽電池アレイの直近にもSPDを設置する．

　さらに，太陽光発電設備においては，日射計や温度計などの気象センサ，PCSの状態監視や発電量を示す監視モニタなどが設置されている場合がある．このような場合はPCSの通信線および監視モニタに接続する電源線，通信線の直近に対してSPDを設置する必要があり，日射計や温度計などの気象センサの直近にも，SPDを設置する．図3・81に太陽光発電設備の雷保護例を示す．

(3)　携帯電話基地局の雷保護

　携帯電話基地局の地上設備および受電盤の雷保護のため，図3・82に示すように，受電盤に電源用SPD，地上設備のGPS受信機および無線機の同軸線に，同軸用SPDまたは絶縁形同軸用SPDを設置する．また，携帯電話基地局のような重要設備には，受電盤と地上設備との間の電源線に，耐雷トランスを設置することで，雷サージから機器を保護する．

　このほか，地上設備の引込口近くにおいて，同軸線の外部導体を接地することで同軸線から侵入する雷サージを接地に流すことができ，局舎内への雷サージ侵入を抑制し，無線機の直近に設置した同軸用SPDとの相乗効果が期待できる．

(4)　ロープウェイ設備の雷保護

　山麓駅舎の操作卓や監視盤に対する雷保護例を図3・83に示す．

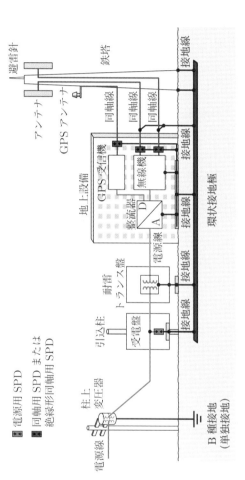

図3・82 携帯電話基地局の雷保護例

■ 電源用SPD

■ 同軸用SPD または
絶縁形同軸用SPD

避雷針
鉄塔
接地線
アンテナ
GPSアンテナ
同軸線
同軸線
同軸線
GPS受信機
無線機
接地線
地上設備
整流器
D
A
接地線
環状接地極
接地線
電源線
耐雷トランス盤
接地線
引込柱
受電盤
接地線
柱上変圧器
電源線
B種接地
(単独接地)

電源線は監視盤の主幹に，電源用SPDを設置する．また，制御線は保護対象機器（表示盤およびPLC装置）の建築物屋外と接続する回線（山頂駅舎の操作卓および各種センサからの制御線）に制御用SPDを設置する．

　山頂駅舎側の設備の電源系統は割愛しているが，図3・83と同様に，各設備の電源線に電源用SPDを設置する．建築物屋外と接続する回線（山麓駅舎からの制御線）には制御用SPDを設置する．

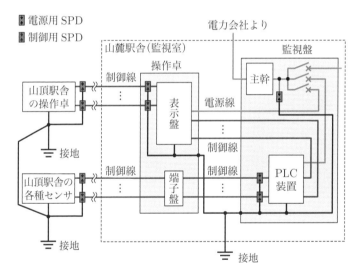

図3・83　ロープウェイ設備の雷保護例

参考文献

⑴ 電気・電子機器の雷保護 −ICT社会をささえる− 社団法人電気設備
学会 （2011）

索　引

おわりに

　執筆の話をいただき，執筆チームを組み，執筆作業に取り掛かったのが2020年の1月初旬であった．その後，新型コロナウィルスが流行し，2020年4月7日に東京，神奈川，埼玉，千葉，大阪，兵庫，福岡の7都府県に対し緊急事態宣言が出され，4月16日には対象が全国にまで拡大した．その影響で，働き方が変化し，弊社でもテレワーク，テレカンファレンスとWebを利用した業務の割合が増えていった．今回の執筆内容を確認する会議でも，Webを利用したものが多くなり，最初は戸惑いもあったが，徐々に慣れ，執筆内容について多くの議論がなされた．

　「雷サージ」という用語は，読書の方にはあまり馴染みがないものなので，本書の内容をわかりやすくするようにと心掛けたつもりだが，専門的な内容もあるので，その部分についてはゆっくり読み進めていただければ幸いである．

　雷サージ対策関連のJIS（日本産業規格）が2003年に改訂され，国土交通省をはじめとする官公庁でもJISに基づき雷サージ対策が実施されている．さまざまなところでこれらJISを目にするので，だいぶ普及してきたと感じている．BCP（事業継続計画）の観点からも，雷サージ対策を検討していくことが重要である．施設に落雷があった場合，総合的な雷サージ対策が必要となるので，本書の対策事例などを参考にしていただければ幸いである．雷サージ対策の検討を実施したいという場合は，弊社HPのお問い合わせフォーム，フリーコール0120-39-3548（サンキュー・サンコーシヤ）から連絡いただきたい．

最後になるが，今回この本の執筆機会を与えていただいた電気書院様には心から感謝申し上げたい．

　蛇足となりますが，このたび弊社は2020年4月をもちまして，創立90周年を迎えることとなりました．これもひとえに皆様のご支援，ご愛顧の賜物と心から感謝いたしております．
　これを機に，いま一度創業の精神に立ちかえり，より一層のサービス向上に努めてまいります．今後とも倍旧のお引き立てを賜りますよう宜しくお願い申し上げます．

2020年7月　著者一同

~~~~~ 著 者 略 歴 ~~~~~
株式会社サンコーシヤ

1930年4月 「山光社」東京都芝区に創立
1932年4月 事務所を東京都品川区大崎（現サンコーシヤ本社所在地）に移転
1932年9月 「光伸社」東京都目黒区に創立
1939年6月 株式会社に改組し「株式会社山光社」に商号変更
1952年4月 光伸社が株式会社に組織変更
1959年4月 通信機器部を独立分離し、「山光通信機株式会社」を設立
1960年 開発・製造拠点を神奈川県相模原市に移転し「相模工場」を開設（現：相模テクノセンター）
1985年10月 株式会社光伸社と山光通信機株式会社を吸収合併、社名を「株式会社サンコーシヤ」に改称
1991年4月 系列会社「株式会社フランクリンジャパン」を設立
2018年1月 「株式会社ベータテック」とその子会社「エースライオン株式会社」を買収し完全子会社化
2020年4月 創立90周年を迎える

スッキリ！がってん！ 雷サージの本

2020年 9月30日 第1版第1刷発行

著 者 株式会社サンコーシヤ
発 行 者 田 中 聡
発 行 所
株式会社 電 気 書 院
ホームページ www.denkishoin.co.jp
（振替口座 00190-5-18837）
〒101-0051 東京都千代田区神田神保町1-3 ミヤタビル2F
電話(03)5259-9160／FAX(03)5259-9162

印刷 中央精版印刷株式会社
Printed in Japan／ISBN978-4-485-60042-9

書籍の正誤について

万一，内容に誤りと思われる箇所がございましたら，以下の方法でご確認いただきますようお願いいたします．

なお，正誤のお問合せ以外の書籍の内容に関する解説や受験指導などは**行っておりません**．このようなお問合せにつきましては，お答えいたしかねますので，予めご了承ください．

正誤表の確認方法

最新の正誤表は，弊社Webページに掲載しております．「キーワード検索」などを用いて，書籍詳細ページをご覧ください．

正誤表があるものに関しましては，書影の下の方に正誤表をダウンロードできるリンクが表示されます．表示されないものに関しましては，正誤表がございません．

弊社Webページアドレス
http://www.denkishoin.co.jp/

正誤のお問合せ方法

正誤表がない場合，あるいは当該箇所が掲載されていない場合は，書名，版刷，発行年月日，お客様のお名前，ご連絡先を明記の上，具体的な記載場所とお問合せの内容を添えて，下記のいずれかの方法でお問合せください．
回答まで，時間がかかる場合もございますので，予めご了承ください．

　郵送先

〒101-0051
東京都千代田区神田神保町1-3
ミヤタビル2F
㈱電気書院　出版部　正誤問合せ係

　ファクス番号　**03-5259-9162**

　弊社Webページ右上の**「お問い合わせ」**から
http://www.denkishoin.co.jp/

お電話でのお問合せは，承れません

(2015年10月現在)

専門書を読み解くための入門書

スッキリ！がってん！シリーズ

スッキリ！がってん！
再生可能エネルギーの本

ISBN978-4-485-60028-3
B6判198ページ／豊島安健［著］
定価＝本体1,200円＋税

再生可能エネルギーの原理や歴史的な発展やこれからについて，初学者向けにまとめた.

スッキリ！がってん！
二次電池の本

ISBN978-4-485-60022-1
B6判136ページ／関　勝男［著］
定価＝本体1,200円＋税

二次電池の構成ははじめ，二次電池像をできるかぎり具体的に解説した，入門書.

スッキリ！がってん！
燃料電池車の本

ISBN978-4-485-60026-9
B6判149ページ／高橋　良彦［著］
定価＝本体1,200円＋税

燃料電池車・電気自動車を基礎から学べるよう，徹底的に原理的な事項を解説しています.